WALTER GROTHKOPP

CHEFSACHE ICH

CHEFSACHE

Kösel

WALTER GROTHKOPP

ICH

So gelingt der berufliche Neustart

Verlagsgruppe Random House FSC®-N001967
Das für dieses Buch verwendete FSC®-zertifizierte Papier
Classic 95 liefert Stora Enso, Finnland.

Copyright © 2013 Kösel-Verlag, München,
in der Verlagsgruppe Random House GmbH
Umschlag: Monika Neuser, München
Lektorat: Rolf Hartmann, München
Druck und Bindung: GGP Media GmbH, Pößneck
Printed in Germany
ISBN 978-3-466-30977-1

www.koesel.de

INHALT

VORWORT

Liebe Leserin, lieber Leser,
ja, wir können unser Leben auch »im fortgeschrittenen Alter«
noch einmal grundlegend ändern. Im Kleinen wie im Großen.
Es gibt neue Langzeitperspektiven jenseits von 30 – oder gar 50.
Die Wege in eine erfüllte zweite Lebenshälfte sind nicht immer
so leicht, wie wir uns das vielleicht wünschen würden – doch es
gibt sie für jeden von uns. Nicht nur für diese zwei bis drei Prozent Gewinner- und Machertypen, denen einfach alles zu gelingen scheint.

Ich bin mit über 40 sogar komplett neu durchgestartet und
sehr, sehr glücklich darüber. War dieser Prozess eine nahtlose
Erfolgsgeschichte von Anfang an? Nein, nicht wirklich. Meine
fürsorglichsten Begleiter waren – nach einer herrlichen An-
fangseuphorie – in der Übergangsphase Ernüchterung, Ängste
und Selbstzweifel. Eigentlich so ziemlich alles, worüber man
nicht gerne spricht. Hätte man mir diesen Mittelteil meines persönlichen Lebens-Drehbuchs (ohne das *Happy End*) vorab gezeigt, ich wäre in den Intercity der Veränderung mit großer
Wahrscheinlichkeit gar nicht erst eingestiegen. Aber ich hätte

dann vielleicht auch das Beste in meinem Leben für immer verpasst …

In Demut und Fröhlichkeit möchte ich Sie mit diesem Buch ein Stück aus Zweifeln oder gefühlten Sackgassen heraus begleiten und Ihnen Mut machen, einen beherzten Schritt ins Unbekannte zu wagen. Es könnte sich sehr für Sie lohnen!

Fühlen Sie sich manchmal unzufrieden, überfordert, entsetzlich gelangweilt oder gar frustriert im Job beziehungsweise Privatleben? Denken Sie manchmal wehmütig: Soll das wirklich schon alles gewesen sein? Oder wachen Sie mitten in der Nacht verzweifelt auf wegen Zuvielitis, Stress oder nicht genutzten Chancen? Denken sich manchmal: zu spät – was soll ich jetzt noch ändern?

Gerade dann ist es eventuell nützlich, noch einmal grundlegend an den Stellschrauben des Lebens zu drehen, denn überlegen Sie einmal: Statistisch gesehen werden wir aktuell ungefähr 80 Jahre alt. Sie haben also noch reichlich Zeit, mit all Ihren tollen Erfahrungen, Ihren Beziehungen, Potenzialen und Fähigkeiten noch einmal richtig durchzustarten. Mindestens noch zwanzig Jahre!

Wie viel hat sich in Ihrem Leben zwischen 20 und 40 verändert? Das waren 20 Jahre. Wo steht geschrieben, dass Sie nicht auch noch zwischen 40 und 60 Ähnliches vollbringen können? Das sind ebenfalls 20 Jahre – eine so wunderbar lange Zeit!

> » Vor uns liegen heute noch gut 40 aktive
> Jahre. «

Aus meiner Coaching-Praxis und der Arbeit mit Managern und Multiplikatoren im In- und Ausland weiß ich sehr konkret, dass immer mehr Menschen irgendwann zwischen Mitte 30 und Mitte 40 nach Auswegen aus ihrer bisherigen Situation suchen, sich dabei jedoch einfach macht- und ratlos fühlen. »Irgendwie durchwurschteln bis zur Rente« funktioniert nicht mehr.

Die gute Nachricht: Das Leben ist trotz wachsender Komplexität in der Welt häufig einfacher, als wir glauben. Es gibt Erfolgsstrategien und Praxistechniken, die nachweislich funktionieren – wir müssen sie »nur« in ihrer Tiefe verstehen und dann diejenigen herauspicken, die für uns persönlich optimal sind. Jeder von uns ist ein kostbares Unikat. Eventuell reicht es sogar vollkommen, wenn Sie *Kleinigkeiten* in Ihrem Leben verbessern – oder sogar nur Ihre *innere Einstellung*!

Die Wahrscheinlichkeit, dass Sie Ihre persönlichen Diamanten genau dort finden, wo Sie momentan stehen, ist groß. Auch ohne übermenschliche Selbstdisziplin, positives Dauerdenken oder das Selbstbewusstsein eines Dieter Bohlen. Sie brauchen keine Million auf dem Konto, keine Selbsthypnose und keine neue Gesichtscreme. Die folgenden drei Schritte haben sich für den Neustart in der Lebensmitte in der Praxis vielfach bewährt:

1. Bilanz ziehen und gezielt mehr Energie aufbauen
2. Emotionale Ziele finden und richtig umsetzen
3. Mentale Sabotagen und Durchhänger entschärfen

In den ersten beiden Kapiteln (Teil 1) erfahren Sie im Detail, warum gerade ab 40 die Möglichkeiten für ein erfülltes Leben optimal sind, und wie Sie mit den Techniken der Topathleten mehr Energie für Verbesserungen in Ihren Alltag gewinnen. Allgemein gilt: Blättern Sie bei Themenkomplexen, die Sie für sich bereits ausreichend geklärt haben, gerne einfach weiter.

Sie können auch sofort zu Teil 2 (Kapitel III und IV) springen. Hier finden Sie eine tausendfach bewährte, klare Schritt-für-Schritt-Anleitung, die Ihnen dabei helfen kann, in jedem Alter das zu bekommen oder zu werden, was Sie wirklich tief in Ihrem Herzen wollen.

Teil 3 (Kapitel V bis X) beleuchtet dann all das zwischen unseren Ohren, was uns danach noch behindern kann (Ängste, Sorgen, Selbstzweifel, von mentaler Sabotage bis zu Aufschieberitis). Wissenschaftlich fundierte Untersuchungen und Praxisbeispiele erläutern, warum das biologisch und psychologisch sogar oft sinnvoll ist und natürlich: Was wir dagegen tun können.

Die Geschichten und Tipps im Buch dienen als Anregung, bei der Bewältigung von Veränderungen in ihrem eigenen Leben möglichst viele »Anfängerfehler«, Pleiten, Pech und Pannen zu vermeiden. Die grafisch abgesetzten »Aktiv-Impuls-Kästchen« sind eine Art *Best of* aus jahrzehntelanger Praxiserfahrung im Medienbereich, intensivem on-the-Job-Training, zahllosen Seminaren, Ratgebern und immer wieder aus der intensiven Arbeit mit Kollegen, Klienten und Seminarteilnehmern. Sie bieten Ihnen »Erste-Hilfe-Strategien« und individuelle Lösungsanregungen bei Aufschieberitis, Ängsten und Selbstzweifeln. Tipps, die sich bereits bei vielen Menschen im Alltag bewährt haben.

Wissensdurstige finden im Buch viele Hintergründe und Ergebnisse der Psychologie und Gehirnforschung. »Technisch« ist die Lösung für unsere Probleme oft relativ einfach, die wirkliche Herausforderung besteht darin, unsere innere Selbstsabotage zu beenden.

Da jeder von uns einzigartig ist, werden die Themen aus möglichst vielen Blickwinkeln beleuchtet. Ein Wort, ein Zitat, ein kurzer Gedanke kann bei Ihnen das entscheidende Aha-Erlebnis auslösen, das notwendig ist, damit Sie endlich den Erfolg leben können, den Sie verdient haben.

Einige Strategien und Tipps werden Ihnen vielleicht bekannt vorkommen. Aber wenden Sie sie auch bereits täglich an? Viele Aussagen kannte ich seit Jahren, aber erst viel später begriff ich auf einmal ihre Tiefe und Weisheit für mein Leben. Deshalb werden Sie auch bewusste Wiederholungen und Querverweise bemerken.

Die Erfolgsstrategien für eine erfüllte zweite Lebenshälfte stehen in vielen Bereichen miteinander in Verbindung. Und erfahrungsgemäß reicht es leider oft nicht, die Strategien allein mit dem Verstand zu durchdringen. Erst wenn wir sie ganz mit unserem Herzen verstanden und angenommen haben, aus ihnen eine »unbewusste Kompetenz« gemacht haben, können wir sie erfolgreich umsetzen.

Ich bin davon überzeugt: Es gibt für jeden von uns unerforschte Schleichwege zu einem individuellen glücklichen und erfüllten Leben.

Ich wünsche Ihnen beim Lesen inspirierende Erkenntnisse! Gönnen Sie sich mehr Lebensqualität und Erfüllung! Sie sind es wert, sie können es schaffen – und Ihre Umgebung kann Ihnen oft verblüffend gut dabei helfen.

Herzlichst
Ihr Walter Grothkopp

In Kurzform für aktive Speed-Leser
* Bilanz ziehen und mehr Energie: Teil 1 (Kapitel I und II)
* Ziele und Umsetzung: Teil 2 (Kapitel III und IV) sowie Aktiv-Impulse
* Mentale Blockaden und Durchhänger entschärfen: Teil 3 (Kapitel V bis X)

BILANZ ZIEHEN

TEIL I

UND MEHR ENERGIE SCHAFFEN

I. MUTMACHER: DAS LEBEN DAUERT VIEL LÄNGER ALS GEDACHT

Warum sich das Durchstarten gerade im vermeintlich
»höheren Alter« besonders lohnt, wie das bei mir war
und warum gerade die »sichere Komfortzone« so
gefährlich ist.

Irgendwann zwischen Mitte 30 und Mitte 40 passiert es. Manchmal über Nacht, mitunter aber auch schleichend langsam: Unser innerer Antrieb hat an Schubkraft verloren und wir verlieren bei unserer Lebensreise langsam an Höhe. Was tun? Das Ziel ist in Sicht und der Tank halb leer. Im Bordhandbuch steht meist: »Lass uns auf ›Nummer sicher‹ gehen, jetzt bloß nichts mehr verändern!« Aber ist diese Strategie wirklich so sicher?

Nach dem Verlassen der ruhigen Luftschichten in 10 000 Metern Reisehöhe fliegen wir zur Lebensmitte oft durch raues Gelände mit Turbulenzen und Luftlöchern. Angst vor einer unsanften Landung, Torschlusspanik. Das ist nicht zu ändern, so scheint es. Der Tank ist schließlich fast leer und wir müssen eher noch tiefer runter. Kraft sparen. Wirklich? Wer jetzt nicht nachgibt, sondern den Autopiloten ausschaltet, kann mehr Lebensqualität gewinnen, ein erfülltes Leben führen und seine Lebenszeit dadurch sogar nachweislich verlängern! Auch wenn das der gängigen Überzeugung in unserer Gesellschaft widerspricht.

Je tiefer ein Flugzeug sinkt, umso größer werden Luftwiderstand und Turbulenzen. Der Spritverbrauch steigt, die Reichweite reduziert sich dramatisch. Vielleicht ist das ja im Leben ähnlich?

»Ball flach halten. Bloß kein Risiko mehr eingehen.«, »Mach bloß keine dummen Sachen, wir werden alle nicht jünger.«, »In der heutigen Zeit? Bei der wirtschaftlichen Situation? Finde dich damit ab!«, »Mach einfach weiter und sei zufrieden.« … – solche »guten Ratschläge« hören viele Menschen, wenn sie über Veränderungen in ihrem Leben nachdenken. Auch ich hörte brav darauf und versuchte, mich weiter an meinem fantastisch bezahlten »Traumjob« im Mediensektor zu erfreuen – wurde aber immer unglücklicher. Und ziemlich krank. Nachtschlaf raubende Rückenschmerzen, Sehstörungen, Entzündungen. Kurzum: Mein Unterbewusstsein entschied sich, mir nonverbal eine Standpauke zu halten.

Wir alle kennen die dazugehörigen Klischees und Sprüche: »Ich ertrage das nicht mehr.«, »Ich will das alles nicht mehr sehen.«, »Ich fühle mich nicht mehr wohl in meiner Haut.«

Wie unser Gehirn unsere Gesundheit beeinflusst, ist mittlerweile gut erforscht. Die sogenannte Psychoneuroimmunologie ist längst ein anerkanntes Forschungsfeld. Unser Körper – vor allem unser Unterbewusstsein – erkennt dringenden Handlungsbedarf oft schon frühzeitig. Aber unser alltagsgestählter Verstand verhindert, dass wir etwas verändern, dass wir ein Risiko eingehen. So erleben viele Menschen in der Lebensmitte eine gefühlte Sackgasse, schließlich hat man sich ja Ansprüche und einen gewissen Lebensstandard erarbeitet. Aber dieser Status quo ist eine brandgefährliche Selbstlüge, die uns lange erfolgreich von einem erfüllten Leben abhalten kann. So lange, bis wir zu alt oder zu dement sind, um es noch zu bemerken.

Im Märchen »Des Kaisers neue Kleider« von Hans Christian Andersen loben alle Untertanen wortreich die wundervollen angeblich neu designten Kleider des Herrschers. Nur ein kleines Kind sagt schließlich unbefangen die Wahrheit: Der Kaiser ist schlicht nackt. Die Erwachsenen reden sich den Umstand aus verschiedensten Gründen schön.

Ist unsere moderne Gesellschaft hier fortschrittlicher geworden? Noch immer loben Erwachsene wortreich und intellektuell brillant irgendwelche nicht vorhandenen kaiserlichen Kleider. Die Gründe sind durchaus verständlich und oft nachvollziehbar: Wir verteidigen den Status quo, um nur nichts ändern zu müssen, denn das macht Angst und kann sehr unbequem sein. Wir suchen nach guten Gefühlen, nach Erfüllung und erkennen nicht, dass ein besseres Leben nur über den kleinen aber entscheidenden Umweg der Veränderung erreichbar ist. Und Veränderung ist – evolutionsbedingt durchaus erwünscht! – immer unbequem und tut am Anfang weh. Aber das hat auch Vorteile!

Psychologen und Biologen gehen gleichermaßen davon aus, dass wir Gewohnheiten ausbilden, weil wir kaum Instinkte haben, die »instinktmäßig« unser Verhalten steuern. Von Kindheit an verstärken wir Verhalten, das Erfolg bringt und unterdrücken das, was uns Schwierigkeiten macht. Sobald wir Lösungen gefunden haben, wiederholen wir sie und es bilden sich Gewohnheiten. Diese schützen wir wiederum mit Gefühlen. Das ist wie der Rüttelstreifen am Rande der Autobahn: Achtung! Sie verlassen bewährtes Terrain. Bitte sofort umkehren! Das ist sinnvoll – aber was tun, wenn sich die Umweltbedingungen plötzlich ändern?

Der Top-Coach Boris Grundl hat es auf den Punkt gebracht: Unser Handeln wird von zwei Motiven beeinflusst: Erstens *Freude erleben* und zweitens *Schmerz vermeiden*. Wer sich zu sehr auf Punkt eins konzentriert, wird die unangenehmen Dinge außerhalb der Komfortzone meiden. Und dann gilt der bekannte Satz:»Wer tut, was er immer getan hat, wird bekommen, was er immer bekommen hat.« Das kann langfristig sehr schmerzhaft sein. Die schlimmsten Gedanken im hohen Alter sind unerfüllte Träume und Wünsche. Und der fatale Satz:»Hätte ich damals doch nur …«

> » *Die reinste Form des Wahnsinns ist es,*
> *alles beim Alten zu lassen und gleich-*
> *zeitig zu hoffen, dass sich etwas ändert.* «
> ALBERT EINSTEIN

Niemand will Stagnation oder gar Rückschritte in seinem Leben. Und doch erwarten sie uns häufig in der Mitte unseres Lebens. Auf Autopilot direkt rein in die Turbulenzen. Dabei ist diese *Midlife*-Krise oft nur ein unerwünschter Zinseszins-Effekt unseres bisherigen Lebens. Fehlentwicklungen werden plötzlich so deutlich, dass wir einfach nicht mehr wegschauen können. Es fällt der sprichwörtliche Tropfen in das längst randvolle Fass.

Wer jetzt nicht handelt, hat unter Umständen lange zu leiden. Länger als vielen bewusst ist.

Unser Leben dauert länger, als wir glauben. Für unsere zweite Chance, sogar für einen potenziellen Neustart, haben wir reichlich Zeit zur Umsetzung. Haben Sie schon einmal zurückgeschaut und überlegt, was Sie in den letzten Jahrzehnten in Ihrem Leben alles geschafft und verändert haben? Da war der Berufsanfang, vielleicht Familiengründung mit Anfang 20, Karriere, Jobwechsel, Umzüge in andere Städte – ein Vierteljahrhundert Leben! Und genau dieses lange, tolle Vierteljahrhundert voller erfülltem, aktivem Leben können Sie noch einmal vor sich haben. Mindestens!

» Zwischen Anfang 40 und dem Ruhestand liegt ein Vierteljahrhundert Leben! «

Lassen Sie diese Tatsache einmal kurz auf sich wirken. Was kann man in dieser Zeit alles machen – nur noch auf die Rente warten? Mit Anfang 20 kamen mir über 40-Jährige bereits uralt vor. Und heute? Meine Kondition ist besser als damals. Und ich weiß viel mehr. Mit 40 haben wir ganz andere Startvoraussetzungen. Viel bessere Möglichkeiten durch mehr Wissen, Erfahrung und Effizienz! Das Einzige, was stört, sind die Gewohnheiten.

Manche sagen, wer es bis Anfang 30 beruflich nicht geschafft hat, der schafft es nicht mehr. Lebenszug abgefahren. Was für ein Unsinn! Viele der erfolgreichsten US-Firmen wurden von Menschen gegründet, die zu Beginn ihrer zweiten Karriere sogar weit über 50 waren. Ray Kroc, der Gründer von McDonalds war zum Beispiel 53 und schwer krank, als er den Grundstock für sein Bouletten-Imperium legte. Die Welt ist voll von erfolgreichen »Spätberufenen«. Und die Voraussetzungen waren nie besser.

Wir leben immer länger und haben durch medizinischen

Fortschritt, Prävention und Ernährung auch die besten Chancen, bis ins hohe Alter fit zu bleiben. Erster Marathonlauf mit 65? Kein Problem. Auch nicht, wenn wir bisher nie Sport getrieben haben und erst jetzt mit dem Joggen beginnen wollen. Und das ist gut so. Denn angesichts des demoskopischen Wandels werden wir gebraucht!

ARBEITSKRAFT – DAS GOLD DER ZUKUNFT

Seit mehreren Jahren wissen wir es bereits in der Theorie und bald kommt es auch im realen Arbeitsmarkt an: Die starke Überalterung der Durchschnittsbevölkerung wird nicht nur das Renteneintrittsalter sondern generell den Arbeitsmarkt komplett verändern. Ab 2017 werden in Deutschland und den anderen westlichen Industrienationen qualifizierte Arbeitskräfte immer knapper. Das ist Ihre Chance! Denn arbeitswillige Menschen mit Bildungsabschluss werden zum Gold der nächsten Jahrzehnte. Bereits jetzt stellen sich große Unternehmen um.

Die Bestsellerautorin und Top-Managementberaterin Petra Bock spürt diese Entwicklung bereits in der täglichen Arbeit: »Seit etwa zwei Jahren bekomme ich eine Vielzahl von Anfragen aus Unternehmen, die ich dabei beraten soll, wie sie ihre Mitarbeiter optimal fördern und binden können.« Heute Sachbearbeiterin und in drei Jahren im Labor? »Kein Thema, lassen Sie uns darüber reden!«

> » Die Unternehmen werden immer
> flexibler und sie werden flexible
> Menschen lieben. «

Die Firmen werden Mitarbeiter fördern, die auch jenseits von 30 oder 40 noch einmal so richtig durchstarten wollen. Voller Neugier, Zuversicht und Lebenslust. Auch alternative Arbeitsmodelle, Arbeitszeitkonten und Sonderregelungen wie Heimarbeit oder Arbeitsblöcke werden sicherlich verhandelbar sein. So ist das in der freien Marktwirtschaft, wenn die Nachfrage größer ist als das Angebot. Nutzen Sie das für sich und für mehr Lebensqualität!

Es sieht also sehr gut aus. Wir können optimistisch in die Zukunft blicken. Wie in anderen Ländern bereits heute üblich, wird es auch in Deutschland Programme geben, mit denen Rentner umworben werden. Vom Sofa zurück ins Arbeitsleben? Wenn es Freude macht – warum nicht! Klischees wie »wer rastet, der rostet« sind aus einem guten Grund zum sprachlichen Allgemeingut geworden: Sie stimmen! Es ist also nie zu spät für einen Neuanfang. Und nie zu früh für die Frage:

» Was mache ich mit dem riesigen Rest meines Lebens? «

● ● ● ● ● ● ● ● ● AKTIV-IMPULS

DIE ÜBERSICHT

Holen Sie das für Sie individuelle Optimum aus Ihrer Investition in dieses Buch. Immer wenn Sie solch ein Aktiv-Impuls-Kästchen sehen, bietet sich die Möglichkeit, etwas zu tun. Sie sind sozusagen der Praxisteil des Buches.

In diesen Kästchen gibt es Anregungen für tägliche Übungen, die glücklich und erfolgreich machen können. Experimentieren Sie, springen Sie gern von Kästchen zu Kästchen. Entscheiden Sie einfach selbst, was für Sie persönlich momentan richtig ist und was nicht!

Vielleicht noch wichtiger: Wenn Sie noch nicht sicher sind, ob Sie in Ihrem Leben etwas ändern wollen, dann können Sie die Kästchen selbstverständlich auch jeweils überspringen. Sie sind dann noch im »Schnupper-Modus« und wollen erst einmal einen Überblick gewinnen. Das ist vollkommen in Ordnung, denn Sie allein entscheiden, was für Sie in Ihrem Leben das Beste ist.

KRISE OHNE VORANKÜNDIGUNG?

Wenn mir vor 25 Jahren jemand gesagt hätte, dass ausgerechnet ich einmal in eine handfeste Krise steuern und mich vom Leben schlichtweg überfordert fühlen würde, hätte ich ihn ausgelacht. Ich doch nicht! Das Leben ist ein Meer aus köstlichen Möglichkeiten und ich habe die freie Auswahl. Ich bin kreativ, flexibel und lerne schnell. Was soll da passieren?

Jahrelang lief auch alles wunderbar. Ich hüpfte glücklich und unbeschwert durchs Leben. Als junger Mann mit Anfang 20 wusste ich genau, was ich wollte: unbedingt zum Rundfunk. Schon damals kamen 1 000 Bewerbungen auf ein Volontariat, meine Chancen tendierten also gen Null.

Während des Studiums verschaffte mir der »Zufall« dann den Kontakt zu einem namhaften NDR-Redakteur. Ich packte das Glück beim Schopfe und der heiß ersehnte Einstieg war geschafft!

Unkonventionell und im Eiltempo ging es dann weiter: bundesweite Rundfunkbeiträge, neue Beziehung, ein zweijähriger Auslandsaufenthalt in Indonesien, Hörfunk-Features, ein Fachbuch für ausreisende Experten. Als ich nach Deutschland zurückkam, wurde ich Regional-Korrespondent für den NDR, sammelte neue TV-Erfahrungen und wurde schließlich rasender Reporter für Sat.1.

Dann musste etwas Neues her. Aber was? Ich wechselte den Bereich beim selben Sender und kam in die Abteilung Deutsche Fiktion von Sat.1. Dort wurde ich schließlich Redakteur für Filme und Serien mit Verantwortung für Millionen-Budgets und verfasste selbst Drehbücher.

Doch dann kam diese ominöse Krise. Ich fühlte mich nicht mehr wohl in meinem Leben und suchte nach neuen Lösungen. Lange Zeit vergeblich. Ich zog mich zurück, verzweifelte, wurde krank. Vielleicht fragen Sie sich selbst einmal:

Was bedeutet 100 Prozent Leben für mich? Macht mich mehr Erfolg glücklicher? Was sind meine Werte im Leben? Welche Ziele habe ich noch?

Die Suche nach Sinn im Leben entspricht dem heutigen Zeitgeist und die Zahl der Unzufriedenen steigt. Auch Erfolge machen dagegen nicht immun. Immer mehr Prominente offenbaren, dass sie trotz sensationeller Erfolge mit ihrem Leben hadern. Und sie werden immer jünger: Fußballer Sebastian Deisler, Skispringer Sven Hannawald oder Ski-Superstar Lindsey Vonn. In einem Interview mit dem *People*-Magazin gab die 28-Jährige zu, seit 2008 Antidepressiva zu nehmen. In jenem Jahr gewann die Olympiasiegerin zum ersten Mal den Gesamtweltcup. Erfolgsstorys und was dahinter steht.

Wenn selbst Stars nicht gegen Unzufriedenheit immun sind, was bedeutet das dann für uns »Normalsterbliche«? Ein frustrierendes Leben zu führen ohne Ausweg? Mitnichten! Dabei muss man sein Leben auch nicht unbedingt radikal ändern, um mehr Lebenszufriedenheit zu finden. Das ist individuell höchst unterschiedlich. Manchmal können bereits kleine Korrekturen Großes in Bewegung setzen.

»Erfolgstipps schön und gut – aber ich hab schon alles probiert – bei mir funktioniert das nicht.«, »Mit zwei minderjährigen Kindern im Haus, was soll ich da schon groß ändern?«, »Was ich kann, wird da draußen nicht mehr gebraucht.«

Solche lähmenden Gedanken und Gefühle habe ich in der Coaching-Praxis oft gehört. Sie sind so weit verbreitet wie Grippeviren im Dezember. Die gefühlte Hoffnungslosigkeit macht Menschen krank, verzweifelt und einsam. Aber zum Glück sind es »nur« clevere Tricks unseres Unterbewusstseins.

> » Wir sehen die Stecknadel im Garten des Nachbarn, aber häufig nicht die Litfaß-säule vor den eigenen Augen. «

Objektiv und in Ruhe von außen betrachtet, fallen diese sogenannten »hemmenden inneren Überzeugungen«, die wir dann als »unumstößliche Tatsachen« wahrnehmen, sehr rasch in sich zusammen. Unsere Wahrnehmung ist nicht wirklich objektiv. Deshalb die Anregung für einen ersten Schritt in ein besseres Leben: Überprüfen Sie, wie gut es Ihnen momentan geht. Vielleicht sind Sie ja bereits überwiegend zufrieden und glücklich – und bekommen es nur nicht mehr mit? Machen Sie einen sehr einfachen Test mit dem Tages-Smiley.

AKTIV-IMPULS

TAGES-SMILEY ALS GLÜCKS-CHECK!

Sie haben mehrere Jahrzehnte überlebt – aus biologischer Sicht müssen Sie da zwangsläufig vieles absolut richtig gemacht haben.

Der Tipp: Verteilen Sie für jeden Tag ihres Lebens einen von drei Smileys für Ihre persönliche Gefühlsstatistik. Der Zeitaufwand pro Tag beträgt ungefähr zehn bis zwanzig Sekunden, der Wert für ein zufriedenes Leben ist unschätzbar.

So geht's: Sie nehmen sich einen Zettel oder ein Notizbuch und teilen eine Seite in drei Spalten ein. Darüber malen Sie jeweils einen von drei

Smileys: erstens ein breites Grinsen, zweitens einen neutralen Mund und drittens einen Miesepeter.

Jeweils abends kurz vor dem Einschlafen machen Sie in einer der drei Abteilungen einen »Strich des Tages«. Ein glücklicher Tag ist ein Smiley, auch wenn Sie auf dem Nachhauseweg von einem Drängler angehupt wurden. Die Haupttendenz zählt. Mit dieser simplen Methode erhalten Sie eine großartige Übersicht Ihres Lebens und Ihrer Entwicklung. Und Sie können sich bei Bedarf entweder beruhigen oder wachrütteln und aktiv werden.

Noch ein Tipp: Starten Sie jeden Monat neu und ziehen Sie Zwischenbilanz: Wenn die Miesepeter überwiegen, könnte es sich lohnen, an Ihrer Einstellung oder an Ihrem Leben etwas Feintuning zu betreiben. Nicht selten sind die Ergebnisse verblüffend – und auch das Zurückblättern lohnt sich oft. Der heftige Ehekrach am 19. Februar bleibt klar im Gedächtnis. Aber wie ist es mit den 15 Smileys an den anderen Februar-Tagen? ● ● ● ● ● ● ● ● ● ● ● ● ● ●

EIN LEBEN – EIN JOB?

Gibt es eigentlich ein Naturgesetz, das uns dazu verpflichtet, ein Leben lang denselben Job auszuüben? Wohl kaum! Aber 90 Prozent aller Menschen machen genau dies. Dabei haben sie ihre Berufswahl als unreife Teenager getroffen. Entsprechend kann die Entscheidung natürlich gut gewesen sein, muss es aber nicht!

Haben Sie sich in letzter Zeit gefragt, ob Sie das lieben, was Sie tun? Ist Ihr Leben nicht zu kostbar, um es täglich mit faulen Kompromissen »über die Runden« zu bringen? Eine zentrale und sehr hilfreiche Frage in der Coaching-Praxis ist diese:

Stellen Sie sich vor, Sie feiern Ihren 88. Geburtstag bei bester Gesundheit und blicken auf ein langes, erfülltes Leben zurück. Und jetzt schauen Sie gezielt zurück auf das Jahr 2013: Welche

Entscheidungen »damals« (sprich heute) führten zu diesem Gewinn an Lebensqualität? Was haben Sie »damals« verändert, was sich in den darauf folgenden Jahren immer mehr ausgezahlt hat?

DIE RISKANTE »KOMFORTZONE«

Viele Menschen bleiben bis zum Lebensende im vermeintlich sicheren Bereich, in dem sie sich bestens auskennen. Und das ist vollkommen in Ordnung, wenn sie sich dabei gut fühlen. Es gibt kein Richtig und kein Falsch. Es gibt nur ein: Dieses Leben gefällt mir – jenes Leben gefällt mir nicht. Diese Gewohnheiten oder Überzeugungen hemmen mich – jene tun mir gut und verschaffen mir ein erfülltes Leben.

> *» Es ist schon eine merkwürdige Sache: Man kann erst dann wissen, was man wirklich kann, wenn man es versucht hat. Die traurige Realität ist jedoch die, dass die meisten Menschen erst dann etwas anfangen, wenn sie wissen, dass sie es können. «*
>
> BOB PROCTOR, US-TRAINER

Manche Menschen bleiben jedoch in der Geborgenheit ihrer Komfortzone, obwohl sie tief in sich eine Sehnsucht spüren: den Wunsch nach Abenteuer, Veränderung, Erfüllung. Eigentlich möchten sie ihre Kreativität ausleben, haben zu lang im Job ausgeharrt, vielleicht jahrelang zugesehen, wie andere an ihnen vorbeigezogen sind. Sie ließen Gelegenheiten verstreichen und haben irgendwann gelernt, dass es halt nicht anders geht.

Menschen, die »in Sicherheit« bleiben wollen, sollten eines bedenken: Dieser oft sehr trügerische Schutz birgt mehr Gefahren als man denkt und kann ein Spiel mit dem Feuer sein. Unsere grundsätzlichen Verhaltensstrategien werden nach gängiger Forschung noch vor unserem achten Lebensjahr festgelegt. Wenn Kinder beim Spielen an eine Kletterwand kommen, gibt es drei Möglichkeiten. Die einen klettern sofort – ohne zu überlegen. Die anderen überlegen, wägen ab – und klettern dann. Und die dritte Gruppe überlegt, wägt ab – und klettert gar nicht. Dies ist die gefährlichste Variante. Sie führt zu verschenkten Chancen und später zu Torschlusspanik und Lebensfrust.

> *» Die sichere Komfortzone ist gefährlicher,*
> *als viele denken. «*

Zeit ist der einzige Reichtum, der uns täglich neu geschenkt wird. Haben Sie Ihre Minuten heute gut genutzt?

Wenn wir alte, lebenserfahrene Menschen befragen, dann bereuen sie vor allem die Dinge, die sie nicht getan haben. Die Chancen, die sie nicht genutzt haben, weil es hieß »Das Leben ist Pflicht«, »Ich musste ja« und weil sie »auf Nummer sicher« gegangen sind. Wir denken mitunter, wir könnten unser Leben sicher machen, aber das stimmt nicht. Wir haben Berufsunfähigkeits-, Lebens- und Insassen-Unfall-Versicherungen. Wir passen auf, wenn wir auf eine Leiter steigen, und besonders, wenn eine schwarze Katze unseren Weg kreuzt. Wir sind vorsichtig und gehen kein Risiko ein. Dabei können wir uns jederzeit beim Biss ins Frühstücksbrötchen verschlucken und ersticken.

» Wenn du eine Garantie haben willst,
kauf dir einen Toaster. «

CLINT EASTWOOD, US-SCHAUSPIELER

Ängste und Sorgen sind gewaltige Energiefresser. Schließlich wollen Sorgen »gemacht« werden, das geht nicht von allein. Viele haben das Sorgen-Machen von klein auf gelernt und über Jahre hinweg dauernd eingeübt. Manche Menschen trainieren das intensiver als Treppensteigen und dann zählt im fortgeschrittenen Alter ab 40 leider auch noch eine Tatsache: *Wenn man einen Fehler lange genug geübt hat, dann kann man ihn irgendwann einmal perfekt.*

Glücklicherweise lässt sich das alles ändern – allerdings brauchen wir dafür reichlich Energie. Doch wo sollte sie herkommen bei all dem Stress und Frust im Beruf? Wie machen das eigentlich Topathleten und was können wir »Normalos« von ihnen lernen? Um mehr Lebensenergie fürs Durchstarten geht es im nächsten Kapitel.

● ● ● ● ● ● ● ● ● AKTIV-IMPULS

EINE »DON'T-DO-LISTE« FÜR MEHR ZEIT

Nach dem Smiley-Check überlegen Sie vielleicht, dass Sie etwas in Ihrem Leben verbessern wollen, aber Sie haben keine Zeit dafür? Wenn Ihr Leben nur halbwegs typisch und normal verläuft, dann sind Sie bis über beide Ohren zugeplant, Arbeit und Privatleben zerren gleichermaßen an Ihnen, und Zeit ist kostbarer als Platin. Wenn es machbar wäre, würden Sie sich gerne zerteilen.

Für eine Veränderung in der Lebensmitte brauchen wir aber freie Zeit und reichlich Energie. Schließlich können wir in ein ohnehin schon volles Glas nicht noch zusätzlich etwas hineingießen. Es läuft dann über und alles Neue fließt daneben. Deshalb brauchen wir mehr Platz im Leben! Machen Sie sich eine Liste und rümpeln Sie aus: Welche Gewohnheit wollen Sie loslassen, um Platz für Neues zu gewinnen – und warum?

- Ich lasse ... los – dafür bekomme ich neue Zeit für ...
- Ich reduziere ..., dadurch gewinne ich ...
- Ich ... anstelle von ..., weil ...

Verzichten Sie zum Beispiel pro Woche auf eine Lieblingsserie im Fernsehen, einen Bierabend, einmal Computerspiel, einmal Shoppengehen und so weiter. Was auch immer Sie nicht unbedingt für Ihr Lebensglück benötigen: lassen Sie es los, und schon haben Sie plötzlich die Hände und den Kopf frei für Neues. Mit dieser Strategie können Sie bis zu zwei Stunden Zeit pro Tag gewinnen!

II. ENERGIEMACHER: MEHR POWER FÜR DEN START

Wie Sie die Erfolgsstrategien der Topathleten aus dem Spitzensport für sich persönlich nutzen können.

Wäre es nicht fantastisch, wenn wir im Alltag regelmäßig Energie nachtanken könnten und unbegrenzte Ausdauer hätten? Gibt es eine realistische Möglichkeit dafür? Viele Menschen fühlen sich heute schlapp und ausgelaugt. Sie sind froh, wenn sie die täglichen Aufgaben einigermaßen bewältigen können. Wo soll da noch die Kraft für Veränderungen herkommen? Die aber brauchen wir dringend für die Umsetzung unserer Pläne in Kapitel III und IV. Ein außerhalb des Spitzensports wenig bekannter Ansatz kann Ihnen helfen, die notwendige Zusatz-Energie für ein frisches Durchstarten in Ihrem Leben zu gewinnen. Es geht um die Frage: Was machen Topathleten anders?

DAS GEHEIMNIS DER TOPATHLETEN

Woher nehmen Topathleten die Energie für ihre Höchstleistungen? Und was können wir »Normalsterbliche« konkret von ihnen lernen? Diese Frage beschäftigte Jim Loehr, Psychologe und

Berater zahlreicher hochrangiger Tennisspieler wie Pete Sampras und Monica Seles, intensiv. Mit großem Aufwand analysierte er immer wieder die Mitschnitte ihrer Spiele. Nichts in diesen Spielen war jedoch so herausragend, dass es die Erklärung auf die Frage liefern konnte, warum diese Menschen in der Lage waren, über viele Jahre hinweg Spitzenleistungen zu erbringen.

Nach unzähligen Wochen und Nächten vor dem Fernsehmonitor fand er dennoch die Antwort: Es war nicht die Art, *wie* sie spielten, sondern vielmehr das, was sie taten, wenn sie *nicht* spielten! Es zeigte sich, dass sie bessere Rituale hatten, um zwischen den Ballwechseln für einen Augenblick zu entspannen. In diesen kurzen Intervallen, noch nicht einmal 20 Sekunden, waren sie in der Lage, ihre Herzfrequenz zu senken, Klarheit im Kopf zu gewinnen und sich auch nach Rückschlägen neu zu fokussieren.

Was auf den ersten Blick nach unbedeutenden Kleinigkeiten aussah, erwies sich bei einem mehrstündigen Match oft als spielentscheidend. Gegner, die diese Minirituale nicht verinnerlicht hatten, wurden im Verlauf des Spiels schneller müde. Sie verloren erst die Konzentration und dann wichtige Punkte.

> » *Energiemanagement, nicht Zeit, ist die*
> *Basiswährung für ausdauernde Spitzen-*
> *leistung.* «

Was also kann das nun für uns bedeuten?

MEINE PERSÖNLICHE ENERGIE-BILANZ

Finden Sie in drei Schritten heraus, was Ihnen Energie raubt und wodurch Sie persönlich Energie tanken können.

1. Prüfen Sie so oft wie möglich am Tag: *Wie hoch ist Ihr Energie-Level gerade?* (Die Skala geht von eins bis zehn. Dabei bedeutet die Eins: »Ich fühle mich wie scheintot« und Zehn heißt: »Ich platze gleich vor Energie und Lebensfreude«.)

2. Gehen Sie ins Detail: Messen Sie Ihre Energie unmittelbar *vor* und *nach* bestimmten Aufgaben oder Tätigkeiten und überprüfen Sie, ob Sie durch diese Tätigkeiten bzw. Aufgaben Energie *gewinnen* oder *verlieren.*

3. Erstellen Sie eine Tabelle mit vielen Einzelpunkten. (Meine Energieräuber / Meine Energietankstellen) Probieren Sie gegebenenfalls neue Aktivitäten aus, bis Sie mindestens eine Handvoll persönliche Energietankstellen gefunden haben.

ENERGIEMANAGEMENT STATT ZEITMANAGEMENT

Vieles spricht für einen radikal veränderten Umgang mit Stress und Zuvielitis. Die meisten Menschen suchen bisher einseitig (und oft vergeblich) nach Möglichkeiten, Stress in Job und Privatleben zu reduzieren. Erfolg versprechender ist hingegen oft der Weg der Sport-Profis:

Stellen Sie sich Ihr Leben als Waage vor, wie sie zum Beispiel die Figur der Justitia in der Hand hält. Zwei Waagschalen sind an einem Steg miteinander verbunden, aber sie sind nicht austariert: eine Seite hängt viel tiefer als die andere. Wenn unser Leben entsprechend schlecht ausbalanciert ist, was können wir dann tun? Naheliegend ist es, dass wir auf der schwereren Waagschale Gewichte wegnehmen, also Aufgaben und Stress reduzieren. Aber was passiert, wenn wir diese Option nicht haben? Dann müssen wir auf der anderen Seite Gewichte dazulegen, um unsere Lebenswaage wieder in Balance zu bringen. In den Alltag übersetzt heißt dies: Wenn Sie zu viel Stress durch Job, Familie und Privatleben haben, sollten Sie Ihre *Work-Life-Balance* wieder ins Gleichgewicht bringen, indem Sie für mehr (gerne auch kurze) Erholungspausen sorgen. Doch wie kann das funktionieren?

Unsere Gesellschaft belohnt immer noch das Prinzip »linearer Energie«. Also die Fähigkeit, mehrere Stunden oder sogar Tage (wie Mediziner im Krankenhaus) mit möglichst wenig Pausen durchzuarbeiten. Mit zunehmend fatalen Konsequenzen. Immer mehr Menschen versuchen, mit raffiniertem Zeitmanagement noch mehr in noch weniger Zeit zu quetschen – und brennen dann irgendwann aus. Früher oder später rächt sich der Körper, weil keine Energie mehr vorhanden ist. Wer kann, rettet sich in Dienst nach Vorschrift oder Krankheit. Begeisterte Höchstleistung im Büro kann man da nicht mehr erwarten.

In ihrem Buch *The Power of Full Engagement* zitieren Jim Loehr und sein Co-Autor Tony Schwartz eine 2001 durchgeführte Gallup-Umfrage: Lediglich 30 Prozent der Amerikaner sind engagiert bei der Arbeit. 55 Prozent sind nicht engagiert und die restlichen 15 Prozent sogar aktiv »disengagiert«. Das heißt, sie beklagen sich, sind unglücklich und sabotieren teilweise sogar Betriebsabläufe.

Ob bei dauerhaften Höchstleistungen im Büro oder um Kraft zu schöpfen für ein begeistertes Durchstarten in der Lebensmitte: Wir benötigen möglichst viel Energie. Die stellt der Körper nur dann zur Verfügung, wenn wir ihn trainieren und ihm möglichst alle 90 bis 120 Minuten (kurze) Erholungspausen gönnen.

Besonders lang müssen die gar nicht sein. *Kurz Aufstehen, Arme ausschütteln, ein paar Kniebeugen am Fenster, fünf Minuten Beine hochlegen, ein Glas Wasser trinken und kurz eine andere Aufgabe erledigen, einen Apfel essen* – was auch immer für Sie Erholung bedeutet und in Ihren Alltag integrierbar ist. Probieren Sie es aus! Verschiedene Anregungen finden Sie auch in den Aktiv-Impuls-Kästchen in diesem Kapitel. Dadurch erhöhen sich Effizienz und Ausdauer mitunter beträchtlich.

AKTIV-IMPULS

MEINE PERSÖNLICHE ENERGIE-PAUSE

Basteln Sie sich einen Schummelzettel mit Ihren individuellen Energie-Tricks. Wer und was tun Ihnen richtig gut?

- Brauchen Sie vielleicht ein paar Minuten absoluter Stille?
- Hilft ein kurzer Spaziergang an frischer Luft?
- Oder eine kurze Diashow auf dem Handy mit Bildern Ihrer Liebsten?
- Ein kurzer Gedanken-Trip zum nächsten Urlaubsort oder zum Traumstrand im vergangenen Jahr?
- Gibt es vielleicht eine Kollegin, die wie ein Espresso auf Sie wirkt?
- Löst die Erinnerung an einen besonderen Erfolg in Ihnen Glücksgefühle aus?
- Wie sieht es mit einem großen Schluck Apfelschorle und ein paar Streckübungen aus?

Wählen Sie möglichst alle 90 bis 120 Minuten einen Punkt aus Ihrer persönlichen Liste und machen Sie dann konsequent genau das, was Ihnen nachweislich gut tut!

Wenn Anspannung und Entspannung sich abwechseln und ausgeglichen sind wie bei unserer symbolischen Waage, kann der menschliche Körper Verblüffendes leisten. Die Evolution hat uns auf »Stromsparen« eingestellt. Im Normalmodus arbeitet unser Körper bei vielleicht zehn Prozent. Das Fatale ist: Wir gewöhnen uns daran und vergessen, dass wir viel mehr aus unserem Körper herausholen können.

Jeder von uns, der gesund geboren wird, bekommt praktisch einen Formel-Eins-Wagen geschenkt. In Körperform. Wenn wir den dann allerdings jahrzehntelang nur zum Brötchenholen benutzen, geht er entweder kaputt oder verrußt, und selbst die Fahrt um die Ecke ist mit Mühen verbunden. Aber das muss nicht sein, wir können das auch noch mit über 50 ändern! Einer meiner Klienten hat bis zu seinem 58. Geburtstag nie Sport getrieben. Dann zwang ihn eine unangenehme Diagnose dazu, mit Schwimmen und Walken zu beginnen. Heute läuft er bereits einen Halbmarathon und hat ein 24-Stunden-Walking erfolgreich absolviert. Nach fast 60 Jahren ohne Sport!

Gehen Sie doch einmal mit drei Freunden ins Schwimmbad und lassen Sie sich unter Wasser drücken. Sie wären überrascht, was für ein mächtiges Notfallprogramm da in Ihnen anspringt. Als junger Mann absolvierte ich eine US-Lifegard-Ausbildung. Seitdem habe ich großen Respekt vor den Urkräften Ertrinkender.

Jeder Mensch hat sozusagen bauartbedingt reichlich Potenzial, doch den wenigsten ist es bewusst. Die meisten haben nie gelernt, darauf zuzugreifen. Dabei lassen sich unsere mentalen Muskeln (Stress aushalten, Ängste abbauen, etc.) ähnlich trainieren wie Bauch-Beine-Po im Fitnesscenter. Je öfter wir uns Herausforderungen und den damit verbundenen negativen Gefühlen (Angst, Wut, Verzweiflung) stellen, umso mehr wachsen wir. Und wir können mehr Belastungen verarbeiten. Entscheidend ist jedoch: Anspannung und dann eine anschließende Erholungspause für den »Muskelaufbau«.

> »Eine optimale Balance zwischen
> Anspannung und Erholung ist der
> Schlüssel für ein erfülltes Leben –
> dann ist Stress sogar gesund und
> lebensverlängernd.«

● ● ● ● ● ● ● ● ● AKTIV-IMPULS

WASSER ALS POWER-SNACK
Manchmal klingen die besten Lösungen im Leben furchtbar banal. Dieser Impuls ist einer der wichtigsten im ganzen Buch – und er ist so simpel umzusetzen: *Trinken Sie alle 90 bis 120 Minuten ein großes Glas Wasser!* Das Trinken von mindestens (!) zwei Litern Wasser pro Tag ist ein Schlüsselfaktor, wenn es darum geht, unsere körperliche Energie möglichst hoch zu halten. Dabei ist das Durstgefühl vollkommen irrelevant. Experten unterscheiden zehn Stufen von Austrocknung im Körper. Das Durstgefühl ist bereits die höchste Alarmstufe. Unsere Energie sackt schon viel früher ab. Erinnern Sie sich mit einem Wecker, schaffen Sie Rituale. Einfach ausprobieren und staunen! ● ● ● ● ● ● ● ●

Wie das Beispiel der Top-Tennisspieler und meine Erfahrungen aus zahlreichen Privat-Coachings zeigen, müssen die Erholungsphasen mit etwas Übung gar nicht so lang sein. Wichtig ist nur, dass es sie regelmäßig gibt (idealerweise alle zwei Stunden). Sonst verhalten wir uns wie ein Autofahrer, der ständig seinen Tank leer fährt oder auf einen Ölwechsel verzichtet, weil dafür

»keine Zeit« ist. Da ist der mentale Motorschaden schon vorprogrammiert!

Der Ansatz von Loehr und Schwartz, den ich in meine Coachings und meine eigene Arbeit bei Projekten integriert habe, basiert auf vier Prinzipien:

1. Volles Engagement benötigt Energie aus vier Quellen: körperlich, emotional, mental und spirituell (Sinnhaftigkeit der Aufgabe für uns).
2. Unsere Energie verringert sich sowohl bei Überlastung als auch bei Unterforderung. Auch zu wenig Stress schadet auf Dauer. Entscheidend ist die Balance zwischen Stress und kurzen Erholungsphasen. (Das ist erlernbar durch »mentales Intervalltraining«!)
3. Es ist möglich, Energiereserven in allen vier Bereichen aufzubauen. Dazu müssen wir unsere normalen Grenzen überschreiten und wie Spitzensportler gezielt »mentale Muskeln« aufbauen. (Ängste verschwinden zum Beispiel, wenn man sich ihnen regelmäßig stellt.)
4. Gerade kurze, winzige Energie-Rituale (Pausen) sind entscheidend für langfristige Spitzenleistung und volles Engagement über viele Jahre hinweg. (Oder noch einmal wiederholt, weil es so wichtig ist: Kurze Pausen alle 90 bis 120 Minuten!)

● ● ● ● ● ● ● ● ● AKTIV-IMPULS

DIE 4-4-4-ATEMTECHNIK

Mit dieser Technik füllen sogar Mitglieder von Elite-Einheiten ihre Energiedepots rasch wieder auf: *Atmen Sie für vier Minuten jeweils vier Sekunden tief ein und vier Sekunden langsam und sanft aus.*

Die Übung ist für die meisten Menschen wie ein Energie-Snack. Unser gesamter Organismus wird belüftet, die Konzentrations- und Leistungsfähigkeit steigen an. Physisch wie mental. Außerdem entspannt die Übung den gesamten Organismus und wirkt hervorragend gegen negative Emotionen wie Ärger oder Ängste.

LEISTUNGSRESERVEN AUFBAUEN

Ob Sie Redeangst abbauen wollen, für den Halbmarathon trainieren, ob Sie bei Gedanken an Spinnen, Gehaltsverhandlungen oder Kaltaquise ins Schwitzen kommen – das Prinzip ist stets dasselbe wie beim Muskelaufbau im Fitness-Center: Mit einem kleinen Reiz anfangen (aufwärmen), dann so viel Belastung ausüben wie möglich (Muskel ausreizen) und anschließend unbedingt erholen. In dieser Ruhephase regeneriert sich unser Energielevel, unser Potenzial steigt (Muskelwachstum). Danach sind wir in der Lage, den Reiz zu erhöhen und den Prozess zu wiederholen.

Der Preis dieser Strategie ist jedoch auch derselbe: Muskelkater (negative Gefühle beim Training). Psychologen sprechen hier bei Phobien von Desensibilisierung, der gesunde Menschenverstand sagt uns: Klein anfangen, steigern. Pausen nicht vergessen!

AKTIV-IMPULS

LANGSAMKEIT UND INTERNET-SABBATICAL

Mit dieser Idee zur Energiesteigerung liegen Sie voll im Trend: Machen Sie doch einmal ein Internet-Sabbatical oder blocken Sie per Freedom-Software stundenlang Ihren Zugang ins World-Wide-Web der Zuvielitis.

Kreative Vorreiter wie Schriftsteller Pico Iyer und andere flüchten aufs

Land, in ein Kloster oder buchen ein teures »Black Hole«-Hotel. Dort bezahlt man extra dafür, dass es keinen Fernseher gibt und man nicht erreichbar ist.

Schaffen Sie sich Handy- und Internet-freie Zonen und Zeiten!

Es muss ja nicht so radikal sein wie beim Schweizer Trendsetter Rolf Dobelli, der sich sogar komplett vom permanenten Info-Grundrauschen abgekoppelt hat. In einem Selbstversuch hat er alle Zeitungs- und Zeitschriftenabos gekündigt, Radio und Fernseher entsorgt sowie News-Apps vom iPhone gelöscht. Luxuriöse Isolation pur – und offenbar nah am Puls der Zeit.[1] ● ● ● ● ● ● ● ● ● ● ●

HÜRDEN NACH LANGER RUHEPHASE IN DER LEBENSMITTE

Wenn jemand nach Jahrzehnten ohne Sport plötzlich mit hartem Lauftraining anfängt und dennoch nicht gleich einen Marathon durchsteht, wundert das niemanden. Wenn wir nach vielleicht zehn, fünfzehn Jahren Ruhe und Regelmäßigkeit im Job plötzlich vor einer massiven Veränderung im Leben stehen (Kündigung, Jobwechsel, Scheidung, Krankheit) gilt auf emotionaler und mentaler Ebene dasselbe Prinzip: Wir sind auf diese plötzliche Belastung nicht vorbereitet. Aber wir haben bereits alles in uns, um die Aufgabe dennoch zu lösen! Wir müssen »nur« mit einem Training beginnen und Leistungsreserven aufbauen. Unsere Gewohnheiten und Überzeugungen sorgen zwar mit negativen Gefühlen für mentalen Muskelkater, doch wenn wir weitermachen, verschwindet der wieder. Es ist möglich! Wie

---

1 Details lesen Sie in Rolf Dobellis Bestseller *Die Kunst des klugen Handelns,* München 2012

beim Fahrradfahren in der Jugend verlernen Sie es niemals ganz. Die Strategien in den folgenden Kapiteln können Ihnen auch hierbei gute Dienste leisten. Suchen Sie sich die Unterstützung, die Ihren Zielen entspricht, einen guten Coach, Mentor oder Unterstützung im Freundeskreis.

Jede Herausforderung ist individuell und sie erfordert spezielle Lösungen. Ziel dieses Kapitels ist es, Ihnen zunächst die Grundüberzeugung zu vermitteln, dass es möglich ist. Mit Brainstorming und der richtigen Unterstützung können Sie es schaffen. Innere Kündigung, Mutlosigkeit, Resignation angesichts mangelnder Alternativen sind fast immer überflüssig.

AKTIV-IMPULS

POWERNAP

In Büros bisher fast immer (noch) unmöglich, aber vor allem Kreative sollten es unbedingt in Erwägung ziehen: *Füllen Sie Ihre Energiedepots mit einem kurzen »Powernap«!*

Schon Leonardo da Vinci und Winston Churchill taten es aus Überzeugung und die australischen Forscher Lipnicki und Byrne gaben uns die wissenschaftliche Rechtfertigung fürs Nickerchen während der Arbeitszeit.

Durch die Horizontallage kontrollieren wir unseren *Locus caeruleus* (lat. himmelblauer Ort). Hier wird das Stresshormon Noradrenalin produziert und das ist schlecht für die Kreativität! Durch das Hinlegen wird die Produktion ganz offensichtlich dramatisch reduziert – und plötzlich fallen uns frische Ideen viel leichter ein!

ZIELE FINDEN

TEIL 2:

UND KONKRET UMSETZEN

III. VISIONÄRE GESUCHT: NEUE ZIELE SIND DENKBAR!

Wie Sie Schritt für Schritt erreichen und bekommen, was Sie wirklich wollen.

» Geduld und Humor sind zwei Kamele,
die dich durch jede Wüste bringen. «
ARABISCHES SPRICHWORT

DAS WILL ICH HABEN, SO WILL ICH SEIN!

Auf den folgenden Seiten finden Sie eine präzise und tausendfach bewährte Schritt-für-Schritt-Anleitung, wie Menschen auch in der Lebensmitte noch das bekommen oder erreichen können, was sie wirklich aus ganzem Herzen wollen. Schließlich ist das für die meisten die Definition für ein erfülltes Leben.

Vorbild für dieses Kapitel ist der pragmatische Ansatz und die großartige Pionierarbeit der amerikanischen Therapeutin Barbara Sher[2], deren Bücher ich Ihnen sehr ans Herz lege. Wissen-

---

2 Barbara Sher: *Wishcraft*, Tübingen 2000; Barbara Sher / Barbara Smith: *Ich könnte alles tun, wenn ich nur wüsste, was ich will*, München 2005

schaftliche Erkenntnisse, meine persönliche Perspektive und Erfahrungen in der eigenen Umsetzung sowie in der Arbeit mit Klienten und Seminarteilnehmern runden das System ab.

Holen Sie sich am besten gleich einen Kugelschreiber und Papier oder Ihr Notebook. Gemeinsam mit den folgenden Übungen, der Unterstützung durch Ihren »gesunden Menschenverstand« und mithilfe Ihrer Familie und Ihrer Freunde werden Sie sich Schritt für Schritt ein System für Ihren Erfolg schaffen.

Wollen Sie Mentoren finden, die Sie auf Ihrem Weg unterstützen und Sie zu einer Bestform auflaufen lassen, die Sie vermutlich seit der Schule nicht mehr für möglich gehalten haben? Auf den folgenden Seiten finden Sie entsprechende Anregungen dazu.

Der Praxisblock ist deutlich in zwei Kapitel geteilt:

Das vorliegende *Kapitel III* ist speziell für Menschen gedacht, die ihr großes Ziel oder sogar ihre wahre Berufung und ihr emotionales »Warum?« noch nicht – oder nicht gut genug – kennen. Sie fühlen zwar, dass es so nicht weitergehen kann und dass sie etwas verändern wollen oder müssen, aber haben *noch keine klare, präzise Vorstellung von ihrem idealen Traumziel.* Wenn es Ihnen auch so geht, dann haben Sie jetzt in mehreren Schritten die Möglichkeit, genau das herauszuarbeiten, wofür Sie wirklich »brennen«. Etwas, das Sie im Idealfall auch dann tun würden, wenn Sie kein Geld dafür bekämen. Falls Sie hier unsicher oder noch ratlos sind, lesen Sie einfach weiter und bearbeiten Sie die einzelnen Schritte für sich.

Springen Sie direkt zum nächsten *Kapitel IV*, wenn Sie bereits hundertprozentig genau wissen, was Sie aus ganzem Herzen wollen, allerdings momentan noch keine richtige Vorstellung davon haben, wie Sie Ihr Traumziel erreichen können. In Kapitel IV finden Sie präzise Einzelschritte und eine erwiesenermaßen funktionierende Strategie, wie Sie auch die größten und scheinbar unmöglichsten Ziele erreichen können – vorausgesetzt, Sie wollen es wirklich von ganzem Herzen und sind bereit, Zeit zu investieren und etwas dafür zu tun.

Also, entscheiden Sie sich bitte jetzt: Vorblättern oder Weiterlesen?

● ● ● ● ● ● ● ● ● ● AKTIV-IMPULS

BIG FIVE FOR LIFE

Big Five for Life ist auch Titel eines Buches von John Strelecky. Dahinter steckt eine gute und kompakte Übung für mehr Klarheit im Leben: *Welche fünf Dinge möchten Sie noch unbedingt tun, erleben oder haben, bevor Sie sterben?* Schreiben Sie diese auf. Notieren Sie auch, *warum* diese Dinge so wichtig für Sie sind. Tragen Sie die Liste dann als kostbaren Schatz immer bei sich. Ihr Unterbewusstsein wird bei der Verwirklichung der Ziele mitarbeiten. ● ● ● ● ● ● ● ●

SO FINDEN SIE IHR PERSÖNLICHES TRAUMZIEL

Wenn Sie sich mit den folgenden Seiten beschäftigen, erfahren Sie mehr darüber, wie Sie ihr großes Ziel, Ihre wahre Berufung erkennen und formulieren können. Finden Sie heraus, welches Potenzial in Ihnen schlummert und wofür es sich aus Ihrer Sicht wirklich zu leben lohnt. Dafür benötigen Sie als allererstes eine gehörige Portion Mut! Stellen Sie sich vor:

Sie lieben Ihr Leben, Sie wachen morgens auf und freuen sich auf den neuen Tag, Sie tun und haben endlich das, wonach Sie sich so lange gesehnt haben. Was auch immer das ist. Unsere Wunschträume sind so individuell wie wir selbst. Kostbare Unikate wie jeder von uns!

Wie geht es Ihnen bei diesen Gedanken? Empfinden Sie

Freude – oder eher Wut, Hohn und Skepsis? Vielleicht sogar Angst oder Schmerz? Das kann schon ein erster, spannender Hinweis für die Impulse auf den folgenden Seiten sein. Trauen Sie sich mutig zu träumen! Es ist jederzeit möglich, dem Leben einen neuen Kick zu geben, auch wenn Sie Ihren 29. Geburtstag bereits deutlich überschritten haben. Es ist einfach Unsinn, in der Lebensmitte aufzugeben und sich – vermeintlich realistisch – zu sagen: »Es hat halt nicht sein sollen, das muss ich akzeptieren. Damit muss ich nun leben.« Selbstverständlich ist es möglich, auch im fortgeschrittenen Alter noch einmal jung und frisch zu denken und seine neuen Ziele zügig umzusetzen! Das einzige was uns in dieser Lebensphase wirklich behindert sind unsere Gedanken und träge Gewohnheiten. Keinesfalls irgendwelche Fakten!

Nach ein paar Jahrzehnten im Leben wissen wir bereits, dass eine Enttäuschung schrecklich wehtun kann. Will ich mir das wirklich noch einmal antun? Das können nur Sie allein entscheiden. Aber der Einsatz könnte sich sehr lohnen! Im Zweifelsfall blättern Sie vielleicht ruhig noch einmal zurück zu Kapitel II. Sie haben noch so viel aktive (!) Zeit vor sich – mindestens 25 bis 30 Jahre, wahrscheinlich sogar noch viel mehr! Lohnt es sich nicht, dafür aktiv zu werden? Wenn Sie schon einmal beim Versuch, Ihr Leben zu verbessern, gescheitert sind, dann starten Sie eben neu, wenn es sich Ihr Herz wirklich wünscht!

> » *Schäm dich nicht für deine Fehler,*
> *lerne von ihnen und starte neu.* «
>
> SIR RICHARD BRANSON, UNTERNEHMER UND ABENTEURER

Es ist möglich, auch wenn Ihre letzten drei Diäten oder Fitnesspläne kläglich gescheitert sind, oder Sie vergeblich versucht haben, sich das Rauchen abzugewöhnen und anscheinend einfach über keinerlei Selbstdisziplin verfügen. Aber egal, ob Sie ein geringes Selbstvertrauen besitzen, an chronischer Aufschieberitis leiden oder sich schon bei der bloßen Vorstellung an Positives Denken übergeben müssen – Sie können die einzelnen Schritte zu Ihrem Traumziel finden und das Umsetzen lernen, wie Radfahren oder richtiges Zähneputzen!

Was die wirklich coolen Erfolgstypen von Normalsterblichen unterscheidet ist nicht der Wille aus Kruppstahl, nicht die Besessenheit, 18 Stunden am Tag zu schuften, auch nicht die Gene eines Genies oder das optimale Elternhaus, das sie zu jeder Zeit hundertprozentig und liebevoll gefördert hat. Es ist viel einfacher: *Erfolgstypen besitzen das Know-how und haben bereits die für sie richtige Unterstützung gefunden.*

Wollen Sie das auch? Die einzelnen Schritte sind nicht für Übermenschen gedacht, Sie müssen sich also nicht vorher grundlegend operieren, dopen oder verändern.

Schritt 1 – Was will ich wirklich?
Suchen Sie sich einen Platz, an dem Sie ungestört sind, und nehmen Sie sich so viel Zeit wie Sie brauchen (mindestens jedoch 20 Minuten).

Stellen Sie sich vor, Sie seien noch einmal Kind. Sie haben noch nicht die Erfahrung gemacht, dass man im Leben schmerzhaft scheitern kann – im Gegenteil! Sie haben durch eine Laune des Schicksals die Garantie, dass das, was Sie jetzt aufschreiben, garantiert funktionieren wird. Ängste, Selbstzweifel und »Realismus« sind vergessen.

- Was würden Sie tun, wenn Sie wüssten, dass es mit Sicherheit funktioniert?
- Was würden Sie tun oder haben wollen, wenn Geld keine Rolle spielte?

- Wobei fangen Ihre Augen an zu leuchten, wobei schlägt Ihr Herz schneller?
- Wobei vergessen Sie Zeit und Raum um sich herum?
- Was würden Sie tun, wenn Sie keine Angst hätten?
- Was würden Sie tun, wenn Sie nichts anderes gewohnt wären?

Es ist egal, was Sie gelernt haben und gerade beruflich tun. Es ist egal, ob Sie daran glauben, dass Ihr Wunsch realistisch ist. Es ist gleichgültig, ob Sie vielleicht glauben, dass Sie diese Wunschträume nicht verdient hätten, wie oft Sie es bereits versucht haben oder ob es sinnvoll ist. Überlegen Sie nicht, ob Sie damit Geld verdienen könnten, welche Konsequenzen das hätte und warum es sowieso müßig ist. Schreiben Sie einfach auf, was Ihnen einfällt! Betrachten Sie diesen Umsetzungsimpuls als eine Art Spiel. Eine Schatzsuche, bei der Sie vielleicht 50 glückliche Jahre aufstöbern können! Wäre das etwas für Sie?

Mit an Sicherheit grenzender Wahrscheinlichkeit besitzen Sie bereits die entscheidenden zwei Dinge, die Sie zum Erfolg führen werden: Einen kreativen, überaus flexiblen Bio-Computer zwischen den Ohren und ein Adressbuch, das sich später noch als Goldmine herausstellen wird. Also: Träumen Sie mutig und ohne Grenzen. Lassen Sie Ihre Gedanken treiben. Es gibt keine Einschränkungen. Alles ist möglich. Vorzugsweise jetzt!

Wie geht es weiter?

Wenn Sie den Umsetzungsimpuls erledigt haben, lesen Sie Ihre Aufzeichnungen noch einmal durch. Bewerten Sie nicht, sondern nehmen Sie nur zur Kenntnis, was Sie geschrieben haben, und freuen Sie sich über erste Hinweise zu Ihren wahren Herzenswünschen. Vermutlich leben zahllose Dichter, Musikerinnen, Köche, Bergsteigerinnen oder Förster unter uns, verkleidet als Rechtsanwältinnen oder Sachbearbeiter in einer Behörde.[3] Mitunter ohne es selbst zu wissen.

Legen Sie Ihre erste Liste mit den Antworten auf die oben genannten sechs Fragen sorgfältig beiseite, wir benötigen sie später wieder. Lassen Sie uns in den nächsten Umsetzungsimpulsen erst noch mehr Material sammeln, bevor wir uns dann an die Interpretation machen.

Schritt 2 – Was mag ich besonders gern?

Schreiben Sie mindestens 20 Dinge auf, die Sie gern tun. Egal was es ist. Sortieren Sie *nicht* danach, ob es vermeintlich »sinnvolle Dinge« sind, was andere darüber denken oder ob Sie damit Geld verdienen könnten. Erinnern Sie sich an Ihre Jugend. Was haben Sie früher gerne getan und es lange nicht mehr gemacht? Notieren Sie auch Kleinigkeiten, die Ihnen plötzlich in den Sinn kommen. Es gibt nur zwei Kriterien für die Liste: Sie müssen die Dinge *gern* tun (oder getan haben) – und es müssen *mindestens* 20 sein. Nehmen Sie sich auch hierfür genügend Zeit, mindestens 20 Minuten.

Wie geht es weiter?

Die Liste, die jetzt vor Ihnen liegt, ist eine chiffrierte Schatzkarte. Ein geheimer Weg in ein zufriedenes, erfülltes Leben. Das bedeutet auf keinen Fall, dass Sie all diese Dinge tun müssen um glücklich zu werden. Aber *irgendwo zwischen Ihren Notizen*

---

3 Aus Gründen der Lesbarkeit habe ich mich hier – wie im ganzen Buch – bewusst nach dem Zufallsprinzip jeweils entweder für eine männliche oder eine weibliche Berufsbezeichnung entschieden. Eine Wertung oder Zuordnung ist in keiner Weise beabsichtigt, ich wollte nur ein ständiges »/in« vermeiden.

liegt der wahre Kern Ihrer Bedürfnisse versteckt. Das Wesentliche, was Sie als Fundament für Ihre Zukunft benötigen. Etwas, das in ihrer zweiten Lebenshälfte unbedingt sein muss und auch sein kann! Ihre Notizen sind der Schlüssel – noch nicht notwendigerweise das Endergebnis. Bewahren Sie die Liste ebenfalls gut auf.

Vielleicht sind Sie Juristin und träumen vom Beruf der Dirigentin, vom Bücherschreiben, der Weltumseglung oder einer Karriere als Manager – oder der Ruhe auf einem Bergbauernhof? Wollen Sie Malerin, Fotograf oder Pferdezüchterin werden? Mit der richtigen Strategie können Sie es auch in der zweiten Lebenshälfte noch werden, vorausgesetzt, Sie wollen es wirklich von ganzem Herzen. Wollen Sie?

Die Umgebung ist sehr wichtig!

Es gibt verschiedene Untersuchungen, die vereinfacht zu einem Ergebnis kommen: Zeige mir die fünf Menschen, mit denen du die meiste Zeit verbringst und ich sage dir, wer du bist. Früher oder später passen wir uns wechselseitig unserer Umgebung an. Das kann bei alten Ehen gut oder schlecht sein, bei Herrchen und Hund mitunter sogar lustig – auf jeden Fall ist es eine gut erforschte Tatsache. Also suchen Sie sich – wo immer möglich – die Menschen sorgfältig aus, mit denen Sie mehr Zeit verbringen wollen.

Nicht alles können oder müssen wir sofort beeinflussen. Dazu gehören Job und Familie. In dem Moment jedoch, wenn wir uns mehr mit unseren Zielen beschäftigen, verändern sich oft auch die Menschen, mit denen wir viel Zeit verbringen. Das ist gut so, denn nur so können unsere Träume aufblühen. Aus einem Tomatensamen auf dem Küchentisch werden keine wohlschmeckenden Früchte wachsen, es sei denn, man pflanzt ihn in Muttererde und gießt regelmäßig.

Eine Möglichkeit, wie Sie Ihre persönliche Muttererde finden können, finden Sie in Schritt Nummer 3. Sie müssen nicht länger Ihren fehlenden Talenten, negativen Gefühlen oder ihrem Elternhaus die Schuld geben. Holen Sie sich die richtigen Rahmenbedingungen und Klarheit in Ihr Leben, und fangen Sie selbst an zu blühen!

Schritt 3 – Details ausarbeiten

Sie besitzen jetzt eine Liste von mindestens 20 Dingen, die Sie wirklich gern tun oder früher einmal begeistert gemacht haben. Nehmen Sie sich jetzt ein Blatt Papier oder beginnen Sie eine neue Tabelle auf Ihrem Laptop. Mein Tipp: Querformat. Links schreiben Sie die 20 Dinge untereinander auf. Daneben ziehen Sie jetzt mehrere Spalten und stellen sich zu jedem einzelnen Punkt verschiedene Fragen (und beantworten diese dann natürlich mit Stichpunkten in der Spalte):

- Wann habe ich das zum letzten Mal gemacht?
- Wie habe ich mich dabei gefühlt?
- War es geplant oder zufällig?
- Welche Art von Tätigkeit ist das?
- Was war für mich das Besondere daran? Der Wesenskern?
- Kostet es Geld? Viel oder wenig?

Ergänzen Sie Spalten nach Belieben. Experimentieren Sie in Ruhe und Gelassenheit ein paar Tage damit herum. Versuchen Sie, ein Muster zu erkennen. Wenn Sie mögen, zeigen Sie die Liste einer Vertrauensperson, einem Mentor, Coach oder Ihrer besten Freundin. Achten Sie auf Feedback und spontane Erkenntnisse. Das Geheimnis zu Ihrer persönlichen Schatztruhe kann in jedem Nebensatz versteckt sein.

Wenn Sie bereits länger einen Traum hegen, etwas, was Sie in

Ihrem Leben noch gerne machen oder unbedingt erleben möchten, dann vergleichen Sie es mit dieser Liste. Fragen Sie sich: *Vereint dieser Traum möglichst viele der Punkte, die ich hier in Schritt 3 aufgeführt habe und die ich wirklich gern tue?* Manchmal denken wir, dass wir uns etwas ganz dringend wünschen, aber wenn wir es dann bekommen, sind wir ent*täuscht*. Verdichten Sie die Vorstellung von Ihrem Traum, wenn Sie mögen, mit dem nächsten Umsetzungsimpuls, damit Sie keiner Täuschung erliegen.

Schritt 4 – Mein idealer Tag in perfekter Umgebung

Stellen Sie sich vor, Sie legen heute Abend vor dem Schlafengehen dieses Buch aus der Hand, denken noch ein wenig über Ihr momentanes Leben und Ihre Wünsche nach, gehen zu Bett und löschen das Licht. Sie schlafen ein und mitten in der Nacht geschieht ein Wunder. Wie das bei Wundern nun einmal so ist, man weiß nicht, warum. Es passiert einfach.

Das Wunder bewirkt etwas Einzigartiges: All Ihre Probleme sind plötzlich gelöst, verschwunden im Dunkel der Nacht. Sie sind gelassen, gelöst, schlafen tief und fest und das Wunder beschert Ihnen am Morgen beim Aufwachen einen idealen Tag in perfekter Umgebung.

Sie öffnen die Augen. Es ist ein ganz normaler Alltag für Sie, keinesfalls ein Urlaubstag und doch ist er einfach perfekt. Was sehen Sie? Woran merken Sie, dass über Nacht das Wunder passiert ist? Wie sieht dieser perfekte Tag aus? Wer ist bei Ihnen? Woran merken diese Menschen, dass mit Ihnen ein Wunder passiert ist? Beschreiben Sie Ihre Umgebung so genau wie möglich. Was empfinden Sie? Was sehen, riechen, schmecken, hören Sie? Was arbeiten Sie? Wohin gehen oder fahren Sie? Schließen Sie die Augen, atmen Sie tief durch und spazieren Sie in einen wundervollen Tagtraum. Jetzt!

Wie geht es weiter?

Unbedingt aufschreiben! Bilder festhalten! Gehen Sie in Gedanken noch einmal komplett durch diesen idealen (Arbeits-) Tag, den Sie gerade vor Ihrem geistigen Auge durchlebt haben. Vom Aufstehen bis zum Abend. Notieren Sie bitte alles sorgfältig, denn auch Details sind wichtig. Zum Abschluss möchte ich Sie einladen, auf einem neuen Zettel drei Kategorien einzurichten:

1. Absolut unverzichtbar!
2. Wäre sehr schön.
3. Ganz nett, ist aber eher zusätzliches Kür-Programm.

Verteilen Sie nun die verschiedenen Punkte auf die drei Kategorien. Ist das Haus auf Ibiza genauso unverzichtbar wie Musizieren, die Position als Abteilungsleiterin, täglicher Sport oder die Weltreise?

Sinn und Zweck der Übung ist es nicht (!), den idealen Tag in realistisch und nicht realistisch einzuteilen oder faule Kompromisse einzugehen. Sie können auch das Kür-Programm umsetzen, wenn Sie wollen. Es geht hier einzig und allein um die Sortierung nach Prioritäten.

Was ist Ihnen so wichtig, dass Sie es schnellstmöglich in Ihr Leben bringen *müssen*, um endlich wieder die Energie und Lebensfreude zu bekommen, die Ihnen dann das Erreichen der anderen Ziele auch noch ermöglicht?

Nehmen Sie sich für diese Übung zehn bis zwanzig Minuten Zeit und fangen Sie gleich damit an!

Eine wunderbare Ergänzung dieser Übung ist der nächste Schritt 5: Nehmen Sie sich wieder ausreichend Zeit. Gönnen Sie sich für den gesamten Prozess mehrere Tage, eventuell ruhig auch einige Wochen. Vielleicht wollen Sie die Ergebnisse der ersten vier Schritte ein paar Tage ruhen lassen und gehen erst dann weiter. In diesem Prozess bauen Sie bereits fleißig am Fundament Ihrer zweiten Lebenshälfte – lassen Sie ihm gerne ein paar Tage zum Trocknen, es könnte sich lohnen.

Schritt 5 – Mein 88. Geburtstag

Folgen Sie mir zu einem ganz außergewöhnlichen Ort an einem sehr besonderen Tag! Stellen Sie sich in allen Einzelheiten vor, es ist Ihr 88. Geburtstag. Sie blicken voller Lebenskraft und Freude zurück auf ein erfülltes Leben. Wie faszinierend positiv ist es doch alles im Rückblick gelaufen! Wenn Sie das nur schon vorher gewusst hätten!

Wie war das noch genau, damals vor vielen Jahren, kurz nachdem Sie dieses Buch durchgearbeitet hatten? Was haben Sie damals neu begonnen? Was war der Auslöser für all diese Verbesserungen in Ihrem Leben? Was haben Sie damals getan, das sich im Nachhinein als genial herausgestellt und zu mehr Lebenszufriedenheit geführt hat? Wen haben Sie kennengelernt? Wovon haben Sie sich inspirieren lassen? Welche vielleicht lang verschüttete Sache haben Sie damals beherzt angepackt?

Schließen Sie gleich nach diesem Absatz die Augen, stellen Sie sich dann diese Situation an Ihrem 88. Geburtstag genau vor. Es ist herrlich. Was fühlen Sie? Was ist damals passiert? Womit hat alles begonnen? Lassen Sie sich Zeit! Alles ist gut.

Schreiben Sie nun im Anschluss Ihre Gedanken so rasch wie möglich auf. Notieren Sie alle Einzelheiten, die Ihnen in den Sinn kommen. Egal ob etwas für Sie nützlich erscheint oder nicht. Werten Sie nicht, notieren Sie einfach.

Wie geht es weiter?

Sie haben nun bereits reichlich Rohmaterial für Ihre Traumzielbestimmung.

- Sie besitzen eine Liste mit mindestens 20 Dingen, die Sie gern tun.
- Sie wissen, wie oft Sie wirklich dazu kommen und wie wichtig Ihnen die einzelnen Dinge sind.
- Sie kennen Ihren idealen Tag und die ideale Umgebung.
- Sie haben aus der Zukunft von Ihrem weisen »älteren Ich« Erinnerungen und vermutlich gute Tipps zur Umsetzung bekommen.

Da wir immer noch an einem stabilen Fundament bauen, auf dem womöglich bald ein imaginärer Wolkenkratzer stehen wird, geht es jetzt an ein konkretes Begleitprogramm. Was unterscheidet Wunschträume von Zielen? Es gibt real existierende Probleme, die auch Positivdenker à la *The Secret* und Co. noch nicht weggezaubert haben – aber das ist vollkommen in Ordnung!

Schritt 6 – Die Problemliste

Lassen Sie uns nun die ausschließlich harmonischen Träume verlassen und einen Blick auf Ihren aktuellen Standpunkt riskieren. Wie weit ist Ihr aktuelles Leben entfernt von Ihrem idealen Tag? Notieren Sie auf einem neuen Zettel Ihre Antworten zu folgenden Fragen:

- Welche Elemente Ihres perfekten Tages (vgl. Übung 4) haben Sie bereits?
- Warum können Sie den perfekten Tag nicht *bereits ab morgen leben*?
- Welche Elemente Ihres perfekten Tages fehlen noch?

Dies ist der Punkt an dem vielen Menschen angst und bange wird. Für das Traumziel fehlt doch so unendlich viel! Ob Team-Managerin, erfolgreicher Autor, eigenes Haus oder Weltreise, die eigenen Wünsche sind Lichtjahre vom derzeitigen Leben entfernt. Und dazwischen steht ein unüberwindlicher Berg an Zweifeln und Problemen. Aber das ist am Anfang vollkommen normal und macht nichts!

An dieser Stelle hat sich bewährt, eine neue Liste anzufertigen. Der Titel: Probleme!

Halten Sie hier ab sofort wirklich alles (!) fest, was Ihnen an Hemmnissen, Hindernissen und Unmöglichkeiten einfällt oder Sorgen macht. Im weiteren Verlauf des Kapitels werden Ihnen mit großer Wahrscheinlichkeit immer mehr Probleme und »schwerwiegende Gründe« einfallen, warum Ihr Plan nicht funktionieren kann. *Schreiben Sie alles auf.* Und wenn die Liste über zehn Seiten geht – es ist gut so, wie es ist. Die Probleme sehen zu Beginn erfahrungsgemäß immer (!) riesig und unüberwindlich aus.

Sie haben generell nicht genug Zeit, Geld oder Mut? Ihr Chef ist unerträglich, aber Sie brauchen den Job? Aufschreiben! Sie haben Angst, dass Sie nicht gut genug oder schüchtern sind? Machen Sie sich keine Sorgen, um die Liste können Sie sich später noch ausführlich genug kümmern. Alles wird aufgeschrieben und nichts geht verloren!

Auch wenn Sie es jetzt nicht für möglich halten: Diese Liste wird sich noch in eine kostbare Schatzkiste für Ihre Ziele verwandeln!

SCHEUKLAPPEN UND DETAILS

Jeder kennt Sprüche wie »Auch die längste Reise beginnt mit einem ersten Schritt«, »Eins nach dem anderen« oder »First things first«. Dennoch gerät man mitunter in Panik, wenn man sich große Ziele vorstellt. Aber: Egal wie groß Ihr Projekt ist, selbst für eine Marslandung oder die Mount-Everest-Besteigung gilt: Den mit Abstand größten Teil der Zeit müssen die Beteiligten sich auf das kleine Detail unmittelbar vor ihren Augen fokussieren. Nur auf dieses kleine Teil – nicht das Ganze.

Blicken Sie sich dort um, wo Sie gerade sitzen. Ihr Laptop, das Handy oder der Fernseher. Jeder Prototyp begann mit einem rudimentären Plan, einer Skizze. Und dann folgte unendlich viel Detailarbeit. Schrauben, sägen, fräsen, kleben, schleifen. Suchen Sie sich ein Detail in Ihrer Umgebung. Nur ein winziges Detail. Schauen Sie es genau an. Jede Winzigkeit. Noch näher. Achten Sie darauf, wie Sie ruhiger werden und Ihr Atem tiefer geht. Ein kleines Wunderwerk. Es gibt nur dieses Detail. *Wann immer Sie in Zukunft ängstlich auf Ihr großes Projekt schauen – besinnen Sie sich auf dieses Objekt!* Starren Sie darauf, studieren Sie es. Und dann kehren Sie zu Ihrem großen Projekt zurück – im Bewusstsein, dass es jetzt nur um das nächste Detail geht. ● ● ● ●

Wie geht es weiter?

Unlösbare Barrieren können wir mit den richtigen Strategien in lösbare Teilprobleme umwandeln. Doch dafür brauchen wir Energie – in Form eines wirklich schönen, ungemein attraktiven und emotionalen Wunschziels.

Wir brauchen keinen wunderschönen, idealen Traum, der doch nie Wirklichkeit wird, sondern ein erstes präzises Teilziel. Mit einem Datum versehen, mit klar nachvollziehbaren Kriterien an denen wir erkennen können, dass wir am Ziel angekommen sind. Das ist die nächste Aufgabe.

Schritt 7 – Ein konkretes Etappenziel finden

Dieser Schritt erfordert etwas Präzision. Wenn Sie Bundeskanzlerin, eine berühmte Malerin, glücklich oder berühmt werden wollen, so ist das in Ordnung, aber es ist noch kein Ziel in unserem Sinne. Das sind noch Träume. Für den konkreten nächsten Schritt brauchen Sie etwas, das Sie zwar Ihrem großen Traum näherbringt, Sie jedoch so rasch wie nur irgend möglich bereits in Ihrem jetzigen Leben zufriedener macht. Ein klares Etappenziel also.

Fragen Sie sich: Was ist das Wichtigste, das mir in meinem momentanen Leben auf dem Weg zu meinem Traumziel fehlt? *Wenn dies mehrere Dinge gleichzeitig sind, dann entscheiden Sie sich immer für den Teil, der am einfachsten umzusetzen ist.* Das ist wichtig und vollkommen in Ordnung, denn es geht hier nicht um Bienchenfleiß, sondern um ein besseres Leben!

Fragen Sie sich konkret: *Welches der für mich wesentlichen Dinge in meinem Leben kann ich am schnellsten, billigsten oder einfachsten erreichen?* Um eine berühmte Kunstexpertin zu werden, könnte beispielsweise ein Abendstudium an der Universität ein wichtiges Teilziel sein. Für die Karriere als Produktmanagerin gibt es vielleicht konkrete erste Fortbildungsseminare, als zukünftiger Bestsellerautor benötigen Sie erst einmal ein aussagefähiges Exposé und mindestens 50 Seiten Ihres Romans. Erst danach brauchen Sie einen Agenten oder Verlag. Und die Bodyguards wahrscheinlich erst nach der 17. Auflage des zweiten Buches.

Suchen Sie sich die leichteste Möglichkeit für einen kleinen Fortschritt. *Je schneller Sie ganz konkret etwas von dem, was Sie wirklich und ganz unbedingt haben oder sein wollen, in Ihr jetziges Leben holen, desto energiegeladener werden Sie in den nächsten Tag starten* – und desto leichter fällt es Ihnen, sich den großen Rest auch noch zu holen.

Ganz nebenbei werden Sie dadurch zufriedener, gesünder,

Ihre Umwelt verhält sich plötzlich netter, Sie sind ausgeglichener, lächeln mehr und erkennen plötzlich kleine Wunder, wo Sie vorher nur Probleme und Mauern sahen.

- Was ist Ihr konkretes Wunsch-Ziel, das Sie unbedingt erreichen wollen?
- Was fehlt in Ihrem Leben am meisten?
- Bis wann wollen Sie es erreicht haben?

Formulieren Sie Ihr Ziel so ausführlich wie möglich, mit allen Details und Einzelheiten, die Ihnen einfallen um es emotional greifbar zu machen.

● ● ● ● ● ● ● ● ● AKTIV-IMPULS

»BEST-OF-LISTE« ERSTELLEN

Unser Unterbewusstsein trickst uns oft genial aus. Aus Gesprächen mit zahlreichen Betroffenen und Klienten zum Thema Lebensveränderung – und aus eigener Erfahrung – weiß ich, dass wir Dinge, die uns eigentlich helfen sollen, unser Leben zu verbessern, besonders leicht »vergessen«. Unsere Gewohnheiten (vergleichbar den Instinkten bei Tieren) hypnotisieren uns und sind mitunter wie Magier, die ganze Elefanten verschwinden lassen. Vor allem aber sind sie sehr kreativ.

Ein bewährtes Gegenmittel ist deshalb, diese Dinge aufzuschreiben. *Erstellen Sie eine Hitliste der Tipps, die Ihnen gut gefallen. Schauen Sie regelmäßig zur Erinnerung darauf* und setzen Sie den Aktiv-Impuls dann auch gleich wieder um. Ich selbst war im Nachhinein oft verblüfft, dass ich hilfreiche Impulse für mein Leben anfangs immer wieder »rein zufällig« vergessen hatte. Dieser Tipp kann zu einem Turbo für Verbesserungen in Ihrem Leben werden. ● ● ● ● ● ● ● ●

Wie geht es weiter?

Wenn Sie nun über ein klares Ziel verfügen, vielleicht sogar ein langfristiges, das Sie in ein kleineres Etappen-Ziel heruntergebrochen haben, dann ist das fantastisch! Allerdings ist es sinnvoll, noch einen letzten Schritt zur Kontrolle einzuschieben, bevor wir uns danach an die konkrete Verwirklichung machen. Dazu möchte ich eine Erfahrung aus meiner Vergangenheit als Serienverantwortlicher im Privatfernsehen erzählen.

Echtes Ziel oder verstecktes Bedürfnis?

Wollen Sie dieses Ziel wirklich erreichen – oder steht es nur symbolisch für ein verstecktes, vielleicht unbewusstes Bedürfnis? Viele erfolgreiche Hollywood-Filme, aber auch deutsche Serien und Spielfilme, funktionieren dann besonders gut, wenn die Hauptfiguren Charaktereigenschaften haben, die sich aneinander reiben. In der Drehbuchdramaturgie redet man vom Spannungsfeld zwischen Ziel und eigentlichem Bedürfnis. Das verspricht Widerstände, spannende Wendepunkte und viel Chaos auf dem Weg zum *Happy End*.

Dieses Wirkprinzip ist zum Beispiel in Romantischen Komödien sehr beliebt. Die Protagonistin steht auf Karriere im Büro, weil Sie das Geld braucht, »er« verachtet emanzipierte Frauen, denen der Job wichtiger als die Familie ist, betäubt sich jedoch selbst täglich mit einem 14-Stunden-Tag.

Im Verlauf der Geschichte hassen sich beide zuerst voller Leidenschaft und gegenseitig, sind dann jedoch gezwungen, gemeinsam einen Millionenauftrag bei einer Geschäftsreise aufs Land abzuschließen und erkennen: Sie lieben gar nicht den gut bezahlten Top-Job in der Firma, sondern das einfache Landleben inmitten traumhafter Natur. Und natürlich sich gegenseitig heiß und innig, denn diese Erkenntnis verbindet und verspricht gute Einschaltquoten.

Bei einem Arzt erblickte ich vor einigen Jahren auf der Innenseite der Eingangstür den mutigen Spruch: Bei uns erhält jeder was er braucht, nicht was er will. Mutig, aber wahr.

Aus meiner Coaching-Praxis weiß ich nur zu gut: Im Leben ist es mitunter wie im Film. Wir haben ein Ziel, von dem wir glauben, dass es uns glücklich machen würde. Und wenn wir es bekommen, sind wir enttäuscht, mitunter sogar unglücklicher als zuvor!

Im Hollywood-Film *Teuflisch* wird der verklemmte Elliot (Brendan Fraser) vom Teufel in der Gestalt einer atemberaubenden Frau (Elizabeth Hurley) in Versuchung gebracht, indem sie ihm seine Herzenswünsche erfüllt. Da er in seine entzückende Kollegin Alison verliebt ist, scheint der Wunsch klar und einfach: Ich möchte reich und mächtig sein, in einem großen Anwesen wohnen und mit meiner Angebeteten verheiratet sein.

Ein sehr präziser Wunsch – aber macht er auch glücklich?

In der folgenden Szene wacht Elliot auf und seine Wünsche sind erfüllt. Jedenfalls auf den ersten Blick. Teuflisch wird es erst beim Blick auf die Details: Er ist wahrhaft reich und mächtig – jedoch als Drogenbaron in Kolumbien auf einem traumhaften Anwesen. Und deshalb gibt es massive Probleme mit der Konkurrenz und Neidern aus den eigenen Reihen. Auch ist er zwar tatsächlich mit seiner Traumfrau Alison verheiratet – dummerweise liebt sie jedoch nicht ihn, sondern den attraktiven Reitlehrer. Auch wenn seine Wünsche also im Wortsinn erfüllt wurden – von »Glück im Paradies« keine Spur.

Lottogewinner sind ein Jahr nach der Ziehung nicht glücklicher als vor dem Gewinn und manchmal noch nicht einmal reicher. Autor Andrew Matthews berichtet von einem Mann, der in Australien zum zweiten Mal innerhalb von zwei Jahren das große Los in der Lotterie gezogen hatte. Im Interview gab er zu: »Die 1,3 Millionen kommen wie gerufen, denn gegenwärtig lebe ich von der Sozialhilfe.« Er hatte den ersten Gewinn bereits komplett vernichtet.

Um bittere Enttäuschungen (wir denken wieder an den ursprünglichen Wortsinn: Ent-Täuschung) zu verhindern, ist der nächste Schritt für manche Menschen ein großer Segen und führt bereits ohne mühsame Veränderung zu einem wesentlich erfüllteren Leben.

Gönnen Sie sich deshalb vor dem Start in ein alternatives Leben eine letzte ultimative Prüfung: Lohnt sich Ihr Traumziel wirklich und von ganzem Herzen für Sie? Ist es Hürden und Probleme wert? Ist es eine Liebesheirat – *in guten und in schlechten Zeiten* – oder nur eine Fluchtfantasie im Designerkleid?

Fans von Captain Picard, Data und der zweiten Generation der Enterprise wird die Umgebung für den nächsten Schritt bekannt vorkommen. Zeitgemäß begeben wir uns im 21. Jahrhundert nicht auf eine mystische Traumreise, sondern auf einen computergestützten holografischen Trip auf dem Holodeck eines futuristischen Raumschiffs. Ihr Traum wird für eine Stunde Wirklichkeit.

Schritt 8 – Der letzte Härte-Check vor dem Start

Bitte schnallen Sie sich an. Schaufeln Sie sich einen Termin von mindestens einer Stunde frei und lesen Sie erst danach weiter! Folgen Sie mir nun auf das *Holodeck*. Ihre Umgebung verändert sich. Wie durch Magie ist Ihr Wunschtraum plötzlich erfüllt:

* Sie stehen vor Ihrer neuen Abteilung und 20 Mitarbeiter schauen Sie erwartungsvoll an. Jetzt ist Führung gefragt. Legen Sie los!

* Sie stehen im Basislager des Mount Everest, Gepäck auf Ihren Schultern, beginnen bei minus 32 Grad den Aufstieg

zum Gipfel. Stellen Sie sich in allen Einzelheiten vor, wie es aussieht, riecht und sich anfühlt, wenn Sie Ihren Traum bereits erreicht haben.

- Sie sind Drehbuchautor und sitzen auf der Veranda Ihrer Finca auf Mallorca – und blicken auf die erste Seite Ihres Manuskripts. Fangen Sie an zu schreiben oder recherchieren Sie für Ihr Skript im Internet, welche Symptome ein Mordopfer mit Succinylcholin im Blut hätte.
- Sie wollen am liebsten noch einmal studieren? Kein Problem. Rufen Sie an der Universität an und fragen Sie nach den Zulassungsvoraussetzungen für ältere Semester. Informieren Sie sich über berufsbegleitende Fernstudien-Möglichkeiten. Werden Sie aktiv und stellen Sie sich den Alltag vor. Nicht etwa den Hochglanzausschnitt für den Werbeprospekt Ihres Traums, sondern den Alltag!
- In Ihrem Restaurant auf Ko Samui klagen zwei Gäste über Magenbeschwerden nach dem Essen; Sie erhalten eine Absage nach dem ersten Bewerbungstermin für einen Jobwechsel.
- Sie sind abends müde, müssen jedoch noch eine Lektion für ihr Fernstudium bearbeiten. Halten Sie es eine Stunde lang durch, spielen Sie alle Konsequenzen durch. Wollen Sie es noch immer?

An dieser Stelle gibt es jetzt zwei Möglichkeiten: Entweder sind Sie nach einer kurzen Ernüchterungsphase immer noch begeistert von Ihrer Idee oder Sie erkennen, dass Sie sich das vollkommen anders vorgestellt haben, und wollen das Holodeck möglichst rasch abschalten. In jedem Fall sind Sie dadurch Ihrer Suche nach dem Wesentlichen in Ihrem Leben ein Stück näher gekommen: Ihrem tatsächlichen inneren Bedürfnis:

Wie erreiche ich das Wesentliche an dieser Idee möglichst einfach und so schnell wie möglich?

Wie lautet das Kernthema, das grundlegende Bedürfnis bei

Ihnen? Geht es Ihnen tatsächlich um das Malen in einer Berghütte, das Auswandern nach Kanada? Oder vielleicht um etwas ganz anderes, das sich nur in einem symbolischen, romantischen Bild versteckt? Was könnte das sein? Freiheit? Selbstbestimmtheit? Kreativität? Mehr Anerkennung? Was auch immer es ist, es ist Ihr Schlüssel zu einem erfüllten Leben. Vielleicht können Sie es dort, wo sie gerade stehen und arbeiten viel einfacher erreichen? Geht es vielleicht auch ohne Jobwechsel oder Auswandern? Erst wenn Sie dies für sich ausschließen können, haben Sie ein starkes Fundament für einen großen Plan.

Nachdem Sie sich diesem letzten Härtetest unterzogen haben, sind Sie bereit für den nächsten Schritt. Sie sollten jetzt über ein emotionales Ziel verfügen, das Sie wie im Vorfeld einer Ehe gut geprüft haben, ob Sie auch das Kleingedruckte mit dem »… und in schlechten Zeiten« akzeptieren könnten.

Dieser Schritt hat mit Sicherheit keinen Spaß gemacht, aber er ist eine Art Airbag vor dem Durchstarten. *Wollen Sie dieses Ziel immer noch erreichen? Wollen Sie in der zweiten Lebenshälfte endlich das bekommen, was Sie wirklich haben oder sein wollen?* Dann auf zum nächsten Kapitel!

●　●　●　●　●　●　●　●　●　AKTIV-IMPULS

KEINE ANGST VOR NEGATIVEN GEFÜHLEN!

Achten Sie weiter auf Ihre Gefühle – je konkreter es im weiteren Verlauf um die tatsächliche Umsetzung geht (Telefonhörer in die Hand nehmen, Menschen ansprechen, Briefe oder Buchanfänge schreiben, Termin mit Chef vereinbaren) umso wahrscheinlicher ist es, dass sich Ihr innerer Leibwächter mit negativen Gefühlen und Blockaden meldet. Lesen Sie in diesen Fällen am besten die entsprechenden Erste-Hilfe-Kapitel im hinteren Teil dieses Buches. Und glauben Sie unbeirrt weiter an Ihren Traum! ●　●　●　●　●　●　●　●　●　●　●

IV. UMSETZER GESUCHT:
ES IST MACHBAR!

So setzen Sie Ihr Traumziel konsequent, Schritt für Schritt und mit Unterstützung auch wirklich um.

Als die großen spirituellen Meister ihre Parabeln und Gleichnisse erzählten, nutzten sie Wortbilder, die die Menschen der damaligen Zeit aus ihrem Alltag kannten und deshalb sofort verstehen konnten. Sie sprachen vom Säen und Ernten auf dem Feld, von der Jagd und vom Fischen. Unsere Welt hat sich seitdem äußerlich geändert – ihr Wesenskern jedoch ist gleich geblieben. Ob Sie als Bauer oder Webdesigner arbeiten, ob es um Bürobedarf, Fusionsenergie oder Web 3.0 geht, die zugrundeliegenden Strategien sind auch in der Welt des 21. Jahrhunderts die gleichen.

Ein Bauer sät auf dem Feld seine Samen aus, dann düngt und pflegt er sie und nach ein paar Monaten kann er – wenn alles gut geht – seine Ernte einfahren. Ungeduld wird hier prompt bestraft. Das ist überall ähnlich. Selbst beim Internetmarketing, das Buddha, Jesus oder Laotse noch gar nicht im Repertoire gehabt haben: Ein Internet-Marketer erstellt seine Homepage, präsentiert sein Angebot (Saat) und sorgt für Traffic, also für Publikumsverkehr auf seiner Internetseite (Düngen). Dann wartet er, bis sich sein Angebot rumgesprochen hat, setzt Backlinks, versendet E-Mails – und mit Verzögerung verdient er Geld (Ernte). Wer heute eine Internetseite aufsetzt und morgen auf 100 000 Besucher hofft, erntet nur Spott (nasse Bohnen). Also: wenn Sie bereit sind für Saat – etwas Geduld – und eine reiche Ernte, dann geht es los mit Schritt 1.

SCHRITT 1 – KREATIVES BRAINSTORMING EFFEKTIV NUTZEN

Sie verfügen über ein klares Ziel, das Sie berührt und das den selbstkritischen Stresstest (»Bin ich ganz sicher, dass ich das will?«) überstanden hat. Wenn Sie den ersten Teil des Kapitels durchgearbeitet haben, besitzen Sie bereits eine ausführliche Problemliste; eine oder mehrere eng beschriebene Seiten mit plausiblen Gründen, warum es unmöglich ist, dass Sie Ihr Ziel erreichen.

In der Lebensmitte wird dabei vermutlich oft der Grund »Ich bin zu alt« oder »Es ist zu spät« auf den Seiten auftauchen. Vergessen Sie das und bleiben Sie gelassen. Eine gute Freundin von mir nahm mit 40 ihre erste Gesangsstunde und verdiente ein paar Jahre später regelmäßig Geld als Jazzsängerin. Die Universitäten sind voll von Studienanfängern, die älter als 50 sind. Doktorrand mit 67? Kein Problem. Sie müssen es nur wirklich wollen und mit den Strategien, die Sie in diesem Kapitel finden, auch umsetzen. Literaturprofessor Norman Maclean veröffentlichte sein erstes Buch mit 72 Jahren *(Aus der Mitte entspringt ein Fluss)* und es errang Kultstatus in den Vereinigten Staaten von Amerika.

Auch in gewöhnlichen Unternehmen gibt es zahlreiche Beispiele dafür, wie Sie mit Ende 50 noch einen Karriereschub erhalten, den Wechsel in eine andere Abteilung schaffen oder sich als Berater lukrativ selbstständig machen können. Sie sollten sich beim Wunsch nach Veränderung möglichst nur eine konkrete Frage stellen: *Bin ich bereit, für meinen Traum zu arbeiten und Zeit zu investieren?*

Akzeptieren Sie die inneren Widerstände, wie Ängste, Zweifel, Unlust, Müdigkeit, Wut etc., die bei diesen Überlegungen sehr wahrscheinlich in Ihnen entstehen werden. Das ist normal und sogar gesund. Lesen Sie dazu die Erste-Hilfe-Kapitel über Ängste und andere Widerstände in Teil 3. Unsere Reaktion ist naturgewollt, eine Art schützendes biologisches Programm. Unsere Leibwächter, das sind unsere trägen Gewohnheiten, meinen es eigentlich nur gut mit uns und wollen uns beschützen.

Aber vertrauen wir ihnen nicht zu sehr. Was uns fehlt, ist weder Jugend noch Geld noch Vitamin B – es ist vielmehr Kreativität, ein Plan und Unterstützung. Aber das können wir ändern.

MIT KREATIVEM CHAOS ZU PROFESSIONELLEM ERFOLG

Viele Wege führen nicht nur nach Rom, sondern auch zu unserem Traumziel. Manchmal müssen wir nur unsere innere Einstellung ändern, und dann ändert sich unser Leben. Wenn das allein nicht hilft, brauchen wir Kreativität.

Mit der richtigen Strategie finden Sie unter Umständen eine Alternative zu Ihrem Ziel oder eine Möglichkeit, es trotz aller guten Gründe auf Ihrer Problemliste dennoch zu erreichen. Vielleicht ergibt sich dabei sogar eine Perspektive, die Ihnen noch viel besser gefällt. Wie Sie das alles erreichen? Mit professionellem Brainstorming!

Kein Geld, keine Zeugnisse, keine Erfahrung, keine Beziehungen, zu alt oder am falschen Ort – das sind die meist genannten Hinderungsgründe auf dem Weg zum Traumziel in der

Lebensmitte. Wir wollen diese häufigsten Probleme mit einem Platzhalter benennen: @.

Ich kann dies oder jenes nicht tun oder bekommen, weil ich @ nicht kann oder habe. Mit anderen Worten: Ohne @ kann ich mein Ziel nicht erreichen. Aber ist das wirklich so? Diese Aussage ist eine Sackgasse für unser Gehirn und führt zum Stillstand. Wir hören auf zu denken, scheitern und geben uns im Nachhinein Recht. Es war eben unmöglich. Die rettende Alternative teilt die destruktive Aussage hingegen in zwei (lösbare) Fragen und Überlegungen:

1. Wie kann ich mein Ziel erreichen ohne @?
2. Wie kann ich @ vielleicht doch noch bekommen?

Diese beiden Fragen sind eine ideale Aufgabe für eine Brainstorming-Sitzung, aber es ist sehr wichtig, dass Sie zunächst Frage 1 beantwortet haben, bevor Sie zu Frage 2 übergehen.

● ● ● ● ● ● ● ● ● AKTIV-IMPULS

BERUFUNGS-CHECKLISTE
Mithilfe dieser Liste können Sie jederzeit überprüfen, ob Sie noch auf dem richtigen Weg sind oder ob es sinnvoll wäre, die eigenen Ziele neu zu überprüfen:

• Wenn ich noch einmal neu starten könnte – würde ich mich wieder so entscheiden?
• Würde ich das, was ich tägliche tue, auch machen, wenn ich kein Geld dafür bekäme?
• Ist meine Arbeit sinnvoll für mich und andere?
• Erhalte ich durch meine Arbeit positives Feedback und Wertschätzung?

- Nutze ich meine wesentlichen Stärken und Talente bei meiner Arbeit?
- Freue ich mich am Montagmorgen auf mehr als den Feierabend und das Wochenende?
- Bin ich meistens unterfordert oder überfordert?
- Hat mein Job mehr Vorteile als Nachteile für mich?
- Lerne ich regelmäßig etwas Neues dazu?
- Arbeite ich mit Menschen zusammen, die ich mag oder die ich schätze und respektiere?

Wenn Sie überwiegend mit »Ja« geantwortet haben, dann machen Sie auf jeden Fall weiter. Auch bei negativen Gefühlen. Es ist alles normal und vielleicht entscheidender: Nur vorübergehend! Muss man sich gut fühlen um erfolgreich zu sein? Die meisten Erfolgreichen werden diese Frage mit einem klaren »Nein« beantworten. ● ● ● ● ● ●

» Entscheidend sind nicht unsere Gefühle, sondern allein die Reaktion auf unsere Gefühle. «

VIKTOR E. FRANKL, NEUROLOGE UND PSYCHOLOGE

Hollywood-Filme, TV-Serien, Werbekampagnen oder Fortschritte in Medizin und Wirtschaft wären oft nicht möglich, ohne eine spezielle Technik des Träumens, die auch Sie Ihrem Wunschziel Schritt für Schritt näher bringen kann. Brainstorming, den »Sturm im Gehirn« zu entfachen, hilft fast immer, verblüffend kreative Wege zu finden, auch wenn Dinge auf den ersten Blick unmöglich scheinen. Schließlich sind wir mit einem »Es ist unmöglich« in der Lebensmitte bereits oft in Berührung gekommen.

In Brainstorming-Sitzungen werden Lösungen gesucht.

Diese kreative, oft auch verrückte Suche nach Lösungen, funktioniert auch allein zu Hause auf dem Sofa, am effektivsten habe ich es jedoch im Zweierteam erlebt. Aber egal, ob alleine oder idealerweise in einer kleinen Gruppe von zwei bis maximal fünf Leuten: Es gibt immer einen bewährten Prozess in zwei Stufen. In Stufe 1 sind Realität und Schwerkraft außer Kraft gesetzt. Alles ist möglich und es gibt nur eine Regel: *Keine Kritik, kein »Das geht nicht«, keine Wertung.* In dieser Phase des Brainstormings geht es einzig und allein darum, so viele Ideen wie möglich zu sammeln. Egal wie verrückt etwas klingt, alles wird aufgeschrieben.

Ein Beispiel: Sie möchten ausgiebig die Welt bereisen, haben dafür jedoch kein großes Wohnmobil, kein Boot und durch Ihren Job natürlich auch sowieso keine Zeit. Was also tun? Mögliche Brainstorming-Ideen wären beispielsweise:

- Jemanden kennenlernen, der ein Boot oder ein Wohnmobil hat und seine Einladung annehmen.
- Beim Glücksspiel Geld oder ein Wohnmobil gewinnen.
- Ein Wohnmobil oder ein Boot mieten oder leasen.
- Mehrere Leute suchen, die sich mit Ihnen ein Boot oder ein Wohnmobil teilen wollen.
- Ein Boot stehlen (alle Ideen notieren – hier noch keine Zensur ausüben!). Außerdem:
- Sich in der Personalabteilung nach der Möglichkeit für ein Sabbatical (längere Auszeit) erkundigen.
- Hilfsorganisationen oder Firmen mit Auslandsniederlassungen anrufen oder einfach vorbeigehen und fragen.
- Am Wochenende jobben, bis genügend Geld für die Reise angespart ist, und dann kündigen.
- Auf einem Schiff anheuern, das in exotische Länder fährt (als Kapitän, Crewmitglied, Masseur, Köchin, Gesellschafter, Unterhalter, Musikerin).

- Selbst eine Reise entwerfen und für andere organisieren.
- Essen Sie nur noch trocken Brot und sparen das Geld (schreiben Sie auch scheinbar absurde Lösungen auf).
- Ein Forschungsteam kennenlernen und als Assistent/in in ferne Länder mitreisen.
- Geben Sie eine Anzeige auf.

Was fällt Ihnen noch dazu ein? Üben Sie das Brainstorming doch gleich einmal spielerisch! Im Brainstorming-Prozess gibt es nach ein paar Minuten immer wieder Phasen der Stille, weil niemandem mehr etwas einfällt. Oder weil keiner sich traut, scheinbar vollkommen absurd klingende Ideen auszusprechen. Machen Sie trotzdem weiter! Entspannen Sie sich und lassen Sie die Gedanken frei treiben. Viele geniale Ideen entstehen nach solchen Ruhepausen ganz plötzlich aus einer Leere im Gehirn.

Nach ungefähr 20 bis 40 Minuten wird diese erste Phase beendet. Gönnen Sie sich jetzt eine kurze Pause, Brainstorming ist anstrengender als viele vermuten. Gehirnjogging pur!

Das kreative Chaos effektiv sortieren

Nach der Pause folgt Stufe 2: Jetzt geht es ans Sortieren. Welche Ideen passen zusammen, doppeln oder ergänzen sich? Wenn Brainstorming für Sie etwas Neues ist, dann denken Sie hier vielleicht, dass Sie mehr als 90 Prozent Ihrer Liste wegwerfen können. Doch das könnte voreilig sein.

In dieser Phase suchen Sie nach dem verwertbaren Kern der einzelnen Ideen. Die zuvor hochfliegende Kreativität wird geerdet und einem Realitäts-Check unterzogen. Lassen Sie sich Zeit, verwerfen Sie verrückt klingende Ideen auf keinen Fall zu früh! Stellen Sie sich bei jeder halbwegs interessanten Lösung zuerst diese Fragen:

- Wie könnte es doch noch funktionieren, was müsste getan werden, damit dies passiert?
- Ist vielleicht ein ganz anderer Schatz in dieser auf den ersten Blick vollkommen wirren Idee verborgen, den ich nur noch nicht sehe?
- Die Idee klingt zwar albern, aber wie kann ich die lächerlichen Elemente der Idee modifizieren oder umgehen?
- Führt mich die Idee zu einem weiteren Einfall?

Auch hier muss noch keine ultimative Lösung gefunden werden. Es geht darum, eine erste Brücke zu bauen zwischen Ihrem Traum und dem »Hier und Jetzt«. Ob Südsee-Urlaub oder eine Villa in Südfrankreich: mit etwas Kreativität gibt es oft verblüffende Möglichkeiten.

Ein Kollege hat sich zusammen mit einem Dutzend Gleichgesinnter an einer Segelyacht mit Besatzung beteiligt. Zum Preis eines jährlichen Urlaubs kann er jetzt jeden Monat ein paar Tage auf »seinem« eigenen Dreimaster Segel setzen.

Kreativität ersetzt häufig Geld. Lassen Sie Ihren Gedanken freien Lauf. In dieser Phase ist alles möglich. Da Geldmangel sehr oft als Grund für unerfüllte Wünsche genannt wird, hier noch einmal ein paar Alternativen, um selbst große Dinge für wenig oder sogar ohne Geld zu bekommen. Und das ganz ohne einen Kredit aufzunehmen! Sie können Ihren Wunsch *mieten, ausleihen, eintauschen, gewinnen, jemanden darum bitten oder ihn selbst bauen, sich mit anderen zusammentun und sich den Wunsch teilen.*

Ein weiteres plausibel klingendes Totschlag-Argument, das häufig als Vorwand eingesetzt wird, lautet: Ich habe keinen Abschluss, kein Studium, und das ist Grundvoraussetzung! Punkt.

In der Tat ist es schwierig, ohne abgeschlossenes Medizinstudium Oberarzt im Krankenhaus zu werden. Es gibt zwar Betrüger, die das bereits trotzdem geschafft haben und Doktoranden jenseits der Pensionsgrenze, aber das würde die Kapazität und die Absicht dieses Buches überschreiten.

Auch in solchen scheinbar hoffnungslosen Fällen ist das Prinzip des Brainstorming häufig sehr nützlich. Suchen Sie dann entweder nach dem zugrundeliegenden Bedürfnis oder hinterfragen Sie Ihre eigenen Überzeugungen. Zum Beispiel folgendermaßen:

Worum geht es beim Ziel »Oberarzt im Krankenhaus« wirklich? Um die Macht über Leben und Tod oder die Verantwortung für eine Abteilung? Oder doch eher darum, Menschen in Notsituationen zu helfen und Leben zu retten? Das kann man auch anders erreichen. Als Mitglied der freiwilligen Feuerwehr oder als Arzthelferin. Wie ist das bei Ihrem Herzenswunsch? Können Sie sich den Wesenskern vielleicht auch einfacher erfüllen?

In vielen anderen Fällen gilt es, unsere Grundüberzeugung zu hinterfragen. »Für einen Aufstieg ins Topmanagement benötige ich ein abgeschlossenes Hochschulstudium« ist eine Überzeugung, keinesfalls unumstößliche Realität.

Recherchieren Sie doch einfach einmal: Haben alle Ihre Chefs einen Abschluss? Gibt es in anderen Unternehmen Ausnahmen? Selbst wenn die Personen dort statt Studium über Kontakte zum geschäftsführenden Gesellschafter verfügen (die Sie leider nicht haben), ist das zumindest eine Erweiterung Ihrer Überzeugung. Und vielleicht lässt sich ja auch dann noch etwas machen?

● ● ● ● ● ● ● ● ● AKTIV-IMPULS

EINZELBRAINSTORMING

Wenn Sie alleine brainstormen und auf die kreative Kraft einer kleinen Gruppe verzichten müssen, gibt es noch einen Trick um mehr (und ungewöhnlichere) Ergebnisse zu erzielen:

Stellen Sie sich vor, wie jemand, den Sie bewundern, an das Problem herangehen würde. »Ich weiß, dass es unmöglich ist, aber wie würde N.N. es machen?« *Stellen Sie sich die unterschiedlichsten Personen vor und überlegen Sie, was diese wohl sagen würden.* Was würde Ihrer Freundin Verrücktes dazu einfallen? Ihrer Mutter oder US-Präsident Barack Obama? Was würde Ihr zehnjähriger Neffe vorschlagen? Was ist die weibliche, was die männliche Sicht? Was wäre, wenn Sie eine Imbissbudenbesitzerin auf Mallorca wären oder gar ein Ritter aus dem Mittelalter? Je verrückter desto besser, Sie wollen schließlich an die gewaltigen versteckten Potenziale Ihres Unterbewusstseins herankommen.

Bei meinen ersten Brainstorming-Sitzungen schrien mir meine inneren Stimmen ständig zu: Geht nicht, Unsinn, was für ein Quatsch. Lass das endlich! Halten Sie durch und lassen Sie sich von dieser international bewährten Technik verblüffen.

SCHRITT 2 – PLANUNG, ABER BITTE RICHTIG!

Ihr Wunschtraum verwandelt sich langsam in ein Ziel. Hoffentlich ein großes Ziel, das Sie begeistert und Ihr Herz höher schlagen lässt! Je attraktiver es ist, desto besser, denn – willkommen zurück in der Realität – zwischen Ihrem Ziel und Ihnen gibt es einen gigantischen Berg an Problemen. Der wirkt so unüberwindbar, dass es schon sinnlos erscheint loszugehen. Deshalb tun wir das in der Regel auch gar nicht erst. Wie erwähnt will unser Unterbewusstsein oder innerer Leibwächter, dass wir unnütze Energie vergeuden.

Selbst wenn wir besonders mutig oder verzweifelt sind und trotzdem durchstarten, werden die Widerstände in uns mit jedem Schritt (und Fehlschlag) größer. Irgendwann wundern wir uns dann, dass wir auf halber Strecke stehen bleiben. Die »guten

Gründe«, die wir dann erfinden sind vielschichtig – und für uns selbst meist furchtbar plausibel:

Ziele haben sich (angeblich) geändert, »berechtigte« Zweifel an der Realisierbarkeit, die Angst wird einfach zu groß, der Partner macht nicht mit, hier ist unser Leibwächter kreativer als wir uns vorstellen können. Am Ende stellen wir uns dann die Frage: Wir hatten doch zu Beginn so viel Energie, Mut und großartige Ideen – warum ist es trotzdem schiefgegangen? Vielleicht war es zwar das richtige Ziel, aber die falsche Strategie?

Die gewöhnliche, »normale« Planung von Ausgangspunkt zum Ziel hat neben den angedeuteten Gefühlsproblemen auch ganz pragmatische strukturelle Schwächen. Vielleicht sind Sie der einen oder anderen bereits selbst einmal begegnet:

1. Schwäche: Wir verschwenden Zeit, weil wir Schritte in die falsche Richtung unternehmen – was wir dummerweise erst im Nachhinein erkennen. Statt uns auf ein Ziel zu konzentrieren, lassen wir unsere Energie in verschiedene Richtungen fließen. Mit katastrophalen Folgen. Ein Beispiel:

Stellen Sie sich ein Stadion-Flutlicht vor. Gigantische 20 000 Watt! Beeindruckende Energie, es leuchtet taghell. Ein Wunder der Technik. Jetzt versuchen Sie einmal, mit diesen unglaublichen 20 000 Watt eine zehn Zentimeter dicke Stahltür durchzuschneiden. Da strahlt das Flutlicht aufs glänzende Metall und was passiert? Gar nichts. Imposanter Aufwand, kein Ergebnis.

Wenn Sie jedoch nur einen Bruchteil dieser 20 000 Watt nehmen und die Energie des Flutlichts wie bei einem Laser auf einen einzigen Punkt konzentrieren, schneiden Sie die dicke Stahltür blitzschnell in handliche Einzelteile. Einfach so.

2. Schwäche: Gute Idee – falscher Zeitpunkt. Unsere Aktionen sind nicht so koordiniert, wie sie sein könnten und müssten.

Energie verpufft. Das ist wie bei einem Hausbau mit verschiedenen Gewerken und Firmen. Haben Sie schon einmal selbst ein Haus gebaut? Ein Alptraum! Eine Bauherrin wunderte sich unlängst, warum ihre Terrasse auch im tiefsten Winter schneefrei blieb. Der simple Grund: Ein Teil der Fußbodenheizung verlief im Freien weiter.

3. *Schwäche:* Selbst wenn wir kleine Anfangserfolge erzielen, erscheinen sie uns lächerlich im Vergleich zu all dem, was wir auf unserer seitenlangen Problemliste stehen haben. Was nützen mir die ersten läppischen zwei (vielleicht auch noch schlechten!) Seiten meiner auf 1200 Seiten angelegten Buchtrilogie? Ohne ausführliches Exposé, Agenten oder Verlag? Zeitverschwendung. Aufgeben! Oder gibt es Alternativen?

WIE WIR ES TROTZDEM SCHAFFEN: RÜCKWÄRTSPLANUNG

Schnappen Sie sich Ihr großes Wunschziel (in fünf Jahren habe ich Folgendes erreicht: Ich bin / habe …) und *planen Sie rückwärts bis zum heutigen Tag.* Bis Sie nach zahlreichen, möglichst kleinen Einzelschritten eine Antwort auf diese Frage haben:
Was kann ich noch heute als erstes tun, damit ich mein großes Wunschziel (zum Beispiel am 30. September in fünf Jahren) erreiche?
Zerschneiden Sie Ihre persönliche unüberwindbare Stahltür aus Problemen in so viele kleine (!) Häppchen, dass Sie darüber lachen können und sich Ihr innerer Leibwächter möglichst selten mit Widerstand zu Wort meldet. Der psychologische Vorteil ist nicht zu unterschätzen.
Durch die Rückwärtsplanung behalten wir unser Ziel immer

im Auge, wir brauchen uns gedanklich nur umzudrehen und sehen den Erfolg. Auf dem Weg dorthin finden wir schließlich nur erledigte Aufgaben – diejenigen, die wir bereits durch die Rückwärtsplanung gelöst haben. Wie funktioniert das im Einzelnen?

FLUSSDIAGRAMM – MINDMAP – KARTEIKARTEN

Ob Sie lieber mit Flussdiagrammen arbeiten, Mindmaps gewohnt sind oder Karteikarten nutzen, die Sie auf dem Fußboden ausbreiten, ob Sie alles grafisch aufzeichnen oder in Excel-Tabellen festhalten wollen – suchen Sie sich eine Technik aus, die Ihnen gefällt. Entscheidend ist, dass Sie spielerisch an die Aufgabe herangehen und Ihr Wunschziel als erstes so präzise wie möglich beschreiben und mit einem Datum versehen. Es muss nachvollziehbar und konkret messbar sein, sonst ist es kein Ziel, sondern weiterhin »nur« ein Traum.

Ausgehend von diesem Ziel erarbeiten Sie eine Kaskade von vielen kleinen Einzelschritten. Keine Sorge, Sie können die Schritte später noch ergänzen, wieder verwerfen und das Zieldatum verändern. Es geht momentan lediglich darum, *eine erste Brücke von Ihrem Ziel in der Zukunft rückwärts zu Ihnen am heutigen Tag herzustellen.* Die immer wiederkehrende Kernfrage lautet:

Was muss ich unmittelbar vorher haben oder tun? (Und davor? Und davor? Und davor? …)

Was immer Ihr Ziel ist – Mitglied der Geschäftsführung Ihres Unternehmens, eine Ausstellung mit eigenen Bildern oder Fotografien, Bundestagsabgeordnete, eine Umschulung, Fachabschluss trotz Familie oder eine Weltreise nach Togo und Timbuktu – jedes noch so große Ziel können Sie so lange von der Zukunft in die Gegenwart zurückplanen und in kleine, lösbare

Teilschritte aufbrechen, bis Sie bei so etwas banalem angekommen sind wie: Gleich heute noch E-Mail an Petra formulieren und abschicken. Martin anrufen und um Unterstützung bitten. Eine erste schlechte (und notfalls wegwerfbare) Seite meines Romans schreiben.

Auch wenn Sie allen Ernstes Bundeskanzlerin werden wollten, gäbe es Schritte in Richtung Ziel, die Sie bereits heute (!) ganz konkret umsetzen könnten. Und ganz wichtig: Vor denen Sie keine Angst haben müssten, weil Sie so banal und winzig erscheinen, dass sich Ihr innerer Leibwächter im Idealfall nicht oder nur extrem leise zu Wort meldet: Da besteht keine akute Lebensgefahr – das können wir ausnahmsweise durchgehen lassen.

DIE MINI-MÄUSESCHRITT-TECHNIK

Keynote-Speaker und TV-Moderatorin Sabine Asgodom hat die Technik perfektioniert und nutzt sie erfolgreich als Mutmacher beim Coaching.»Lieber jetzt einen Spatz in der Hand als vielleicht morgen eine Taube auf dem Dach.« *Der Mäuseschritt sollte so klein sein, dass Sie ihn ohne Anstrengung gut hinbekommen.*

Ein Beispiel von Top-Coach Sabine Asgodom[4]: Die Aufgabe lautet, Sie müssen Ihr berufliches Netzwerk in dem Unternehmen, in dem Sie arbeiten, dringend ausbauen. Sie haben weder Zeit noch Lust, ständig in der Kaffeeküche herumzuhängen oder gar am Abend mit Kollegen für die Karriere saufen zu gehen. Aber Sie nehmen sich vor, einmal im Monat mit jemandem aus einer anderen Abteilung, den Sie besser kennenlernen wollen, in die Kantine zum Essen zu gehen.

---

4 Asgodom, Sabine: *So coache ich. 25 überraschende Impulse, mit denen Sie erfolgreicher werden,* München 2012

Wichtig: Den Mäuseschritt so lange verkleinern, bis er unter der Widerstands-Schwelle bleibt. Einfachheit ist oberstes Gebot. Dann wiederholen – und nach und nach das Ziel vergrößern! ● ● ● ●

Zurück zum Brainstorming: *Was mache ich, wenn ich beim Brainstorming in eine Sackgasse gerate?* Beispiel: Sie haben ein geniales Ökoprojekt für Ihren Bioladen, möchten einen Preis ausloben und als Schirmherrin Bundeskanzlerin Angela Merkel gewinnen, aber Sie kennen sie gar nicht. Ist das jetzt der Punkt, an dem alles zusammenbricht, und Sie der Mut verlässt? Das muss nicht sein, denn wer sagt, dass Sie den ganzen Weg allein marschieren müssen? Das schaffen die wenigsten. Wenn Sie wollen, greift jetzt die nächste Stufe Ihrer Strategie: *Sie müssen nicht alles allein können – holen Sie sich doch einfach Hilfe!*

SCHRITT 3 – HILFE HOLEN UND DIE MACHT EINES TEAMS

Vielleicht denken Sie jetzt:»Wo soll ich denn Hilfe herbekommen? Ich kenne doch niemanden, und schon gar nicht Leute, die vielleicht die Bundeskanzlerin kennen.« Aber müssen Sie verzweifeln und ihr Vorhaben *ad acta* legen, nur weil niemand in Ihrem Bekanntenkreis ein Hausboot, viel Geld oder Verwandte in Togo und Timbuktu hat?

Nur sechs Etappen bis zum Ziel

Vermutlich kennen Sie die Behauptung, dass wir alle um sechs Ecken miteinander verwandt sind. Wenn Sie eine wichtige Botschaft für die Bundeskanzlerin, den US-Präsidenten oder einen Einsiedler im australischen Outback hätten, würde sie durchschnittlich sechs Stationen brauchen, bis die Nachricht den Empfänger erreicht. Das Prinzip ist einfach:

Wer, den Sie kennen, ist einen Hauch näher an Barack Obama dran, weil er zum Beispiel in den USA wohnt oder jemanden kennt, der schon einmal dort gewesen ist? Dem oder der übermitteln Sie die Botschaft und von dort geht es nach demselben Prinzip weiter. Wen kennt diese Person, die Obama näher steht als Sie selbst. Magie oder nicht – nach sechs Etappen ist das Ziel erreicht. Diese Geschichte ist keine Kneipenfantasterei, sondern basiert auf einer alten Feldstudie. Aber wieso funktioniert sie? Das Wirkprinzip dahinter ist simple Mathematik. Jeder von uns kennt durchschnittlich 100 Personen. Nun kennt Ihre beste Freundin logischerweise zahlreiche Menschen, die Sie auch kennen und umgekehrt. Aber selbst wenn sich 50 davon überschneiden, so bleiben immer noch genügend Personen übrig, die zwar Ihre Freundin kennt – jedoch nicht Sie selbst. Und hier beginnt eine einfache Rechnung:

Die 50 für Sie fremden Kontakte Ihrer Freundin kennen wieder 50 fremde und so weiter. Dann haben wir bei sechs Stufen 50 mal 50 mal 50 mal 50 mal 50 oder 50 hoch sechs Menschen. Und das ergibt zusammen theoretisch *15 Milliarden Kontakte!* Selbst wenn sich die Bevölkerungsexplosion also weiter beschleunigt, haben wir noch ein paar Jahre Luft für dieses praktische Hilfsmittel zur Verwirklichung unserer Träume. Wie können wir es konkret nutzen?

Erfolgreich mit Neustarter-Teams

Wir machen uns auf die Suche nach persönlichen Kontakten aus Fleisch und Blut. Vielleicht werden Sie jetzt einwenden: Das klappt vielleicht beim privaten Umzug und beim Malen der Wohnung, aber doch nicht bei solch einem speziellen Projekt! Was wissen die schon über die Zusammenhänge bei meinem

Job, über die Konsequenzen, wenn ich für ein paar Monate aussteigen oder nebenbei studieren wollte? Für so etwas habe ich keine Kontakte und Verbindungen!

Vermutlich haben Sie sogar recht, allerdings lässt sich mit Kreativität und den Kontakten der Freunde Ihrer Freunde viel mehr anfangen als sie vermutlich ahnen. Ein häufiger Einwand an dieser Stelle ist: *Ich kenne niemanden.* Und wir meinen damit: Ich kenne niemanden der wichtig ist, niemanden der zählt, niemanden der bei dem Projekt mitmachen würde.

Aber stimmt das wirklich? Haben Sie es bereits versucht, oder ist es vielleicht nur eine versteckte Selbstsabotage? Wie würden Sie reagieren, wenn morgen eine Freundin anrufen würde, am Telefon begeistert klingt und fröhlich sagt: »Du, ich möchte unbedingt … machen und bräuchte deine Hilfe. Peter und Carmen kommen morgen Abend zu mir – hättest du vielleicht auch Zeit und Lust?«

Die Wahrscheinlichkeit ist groß, dass Sie gleich mehrere Helfer finden, denn die Vorteile liegen auf beiden Seiten: Durch Ihre Idee und Ihre Energie das Projekt tatsächlich anzugehen, werden Sie automatisch zu einem Vorbild. Die meisten sind gerne mit begeisterten Menschen zusammen. Sie geben Inspiration und machen es wiederum den Helfern selbst einfacher, ihre eigenen Ziele zu erreichen.

Wenn das Treffen stattfindet, gilt es möglichst präzise zu benennen, was Sie benötigen. Wenn Sie lediglich »um Hilfe« bitten, ist Ihnen selten zu helfen. Da wir durch das Brainstorming den Erfolgsweg jedoch rückwärts (!) in winzige Einzelschritte unterteilt haben, gibt es mit an Sicherheit grenzender Wahrscheinlichkeit Hilfe bei eben genau diesen ersten kleinen Praxisaufgaben:

»Ich muss bis Montag meine Bewerbungsunterlagen fertig haben. Wer kann die auf Tippfehler durchsehen? Und wer kann das Anschreiben für mich formulieren? Wo gibt es in eurem Bekanntenkreis einen Photoshop-Profi, der mein Bewerbungsbild noch etwas aufpeppt? Ich suche Räume in der Stadtmitte für meinen neuen Laden. Mindestens 20 Quadratmeter. Wen kennt ihr, den ich anrufen kann?«

Stehen Sie zu Ihren Wünschen, benennen Sie klar und präzise, was Sie haben wollen und geben Sie Ihrer Umwelt die Chance, Ihnen zu helfen!

Wenn Sie jemanden benötigen, der sich eine Viertelstunde Ihre Ängste und Zweifel anhört – bitten Sie darum. Wenn Sie Dienstag früh einen Lieferwagen oder am Wochenende ein Bewerbungstraining benötigen – bitten Sie darum! Was haben Sie zu verlieren? Sie riskieren maximal ein »Nein« – und das werden Sie definitiv überleben. Je präziser Sie formulieren können, was Sie benötigen, umso größer ist die Wahrscheinlichkeit, es zu bekommen. Sie geben Ihrer Umwelt (und sich selbst) dadurch unterschwellig das Signal, dass Sie es mit Ihrem Projekt ernst meinen. Unterschätzen Sie niemals die Erfahrungen und Kontakte Ihrer Kontakte!

Ihr Netzwerk kann Sie bei Recherche und Informationsbeschaffung unterstützen. Dinge, die Sie benötigen, müssen nicht immer neu gekauft werden. Es gibt sie oft Secondhand, selbst gemacht, als Schnäppchen bei Büroauflösungen oder durch zufällige Kontakte Ihrer Freunde. Reden Sie mit ihnen, Ihre Chancen, das zu bekommen, was Sie wollen, steigen ins Unermessliche, je öfter Sie begeistert darüber reden. Vielleicht hat auch in Ihrem Bekanntenkreis eine Freundin plötzlich eine Traumwohnung zum absoluten Schnäppchenpreis gefunden und sofort gemietet?

In der Regel sind dies keine Zufälle, sondern sie hat vermutlich einfach auf jeder Party, beim Bäcker, in der Schule beim Abholen der Kinder, im Büro und beim Warten im Arztzimmer erwähnt, dass sie eine Drei-Zimmer-Wohnung mit Südbalkon für maximal 600 Euro ab 1. August sucht. Und irgendwann traf sie »zufällig« auf jemanden, der jemanden kannte, der gerade aus einer solchen Wohnung ausziehen wollte und eine Nachmieterin suchte. Zufall – oder eine Politik der kleinen Mini-Mäuse-Schritte?

Ich selbst habe früher einmal zwei Jahre in Indonesien gelebt. Ursprünglich wusste ich gar nicht genau, wo die Inselgruppe liegt. Weiter weg und unbekannter schien mir nicht möglich. Während meines Aufenthalts und vor allem nach meiner Rückkehr war ich dann immer wieder verblüfft, wie viele Menschen in Deutschland Verbindungen, Kontakte oder sogar konkrete Erlebnisse mit Indonesien verbanden. Im Vorfeld wäre ich niemals auf den Gedanken gekommen um Unterstützung zu fragen. Im Nachhinein weiß ich: Das war ein unnötiger Fehler.

ABLEHNUNG UND DAS PRINZIP DER GEGENSEITIGKEIT

Angst vor Ablehnung ist der häufigste Grund, warum wir uns nicht trauen, Freunde, Bekannte oder fremde Menschen um einen Gefallen zu bitten. Vielleicht fragen Sie sich beim nächsten Mal einfach: Wie würde ich reagieren, wenn man mir selbst freundlich diese Frage stellen würde? Würde ich das als schlimm empfinden?

Mitunter ist es einfacher als wir denken. *Eine helfende Hand ist niemals leer.* Selbst viele wildfremde Menschen in Behörden oder Institutionen sind bereit, Ihnen Informationen aus ihrem Fachbereich zu geben, wenn Sie offen und ehrlich sagen, dass Sie jetzt in der Lebensmitte noch einmal ein großes Projekt in Angriff nehmen wollen und dafür um konkrete Informationen und Unterstützung bitten. Es macht ihnen häufig sogar Spaß, fast jeder redet gerne über sich selbst und seine Arbeit.

ERFOLG DURCH BEHARRLICHKEIT IM ALLTAG

Sie haben jetzt in mehreren Schritten ein Ziel gefunden, für das Ihr Herz schlägt. Sie sind entschlossen, Ihre zweite Lebenshälfte, also statistisch die nächsten 30 bis 50 (!) Jahre, begeistert selbst in die Hand zu nehmen und wissen, dass Ihr Leben viel länger dauert als wir im Allgemeinen denken.

Sie haben Ihr Ziel rückwärts geplant, in viele, kleine Teilschritte zerlegt, die Ihnen nicht gleich Angst einjagen. Sie haben Ihr Netzwerk aktiviert, konkret um Hilfe gebeten und Telefonnummern und präzise Tipps geerntet. Und jetzt?

Wir halten fest: Es ist Schritt für Schritt machbar – jetzt könnten nur noch wir selbst uns davon abhalten. Und genau darum, um Lösungen bei negativen Gefühlen und innerer Selbstsabotage, geht es konkret in den nächsten »Erste-Hilfe-Kapiteln«.

»ERFOLGREICH ANS ZIEL« IM ÜBERBLICK

* *Ziele schriftlich festhalten:* Halten Sie Ihre großen Ziele immer schriftlich fest, sodass das Ergebnis nachvollziehbar ist. Immer. Nur so wird aus einem Traum ein Stück Realität in Ihrem Leben.

* *Unterstützung holen:* Brainstormen Sie, und wenn Sie nicht weiterkommen: Suchen Sie jemanden, »der sich damit auskennt«.

* *Frage: Was tue ich gerade?* Fragen Sie sich mehrfach am Tag: Bringt mich das, was ich jetzt tue meinem Ziel näher oder entferne ich mich davon? Und:

* *Entscheidend ist immer nur der nächste Schritt.* Wichtig ist nicht das Bewerbungsgespräch in zwei Wochen oder der Abgabetermin Ihres kompletten Romans Ende des Jahres, wichtig ist immer nur der nächste kleine Mini-Mäuse-Schritt, auf den Sie sich bestmöglich konzentrieren.

MENTALE BLOCKADEN UND

TEIL 3

DURCHHÄNGER ENTSCHÄRFEN

V. SPRUNGBRETT: ÜBERFLÜSSIGE BREMSKLÖTZE LÖSEN

Welche Vorurteile uns in der Halbzeit unseres Lebens
behindern – von Ausreden, Selbstbetrug und der Angst
vor den »richtigen« Entscheidungen.

> » *Eure Zeit ist begrenzt, also vergeudet sie*
> *nicht damit, das Leben eines anderen zu*
> *leben.* «
>
> STEVE JOBS, APPLE-GRÜNDER UND VISIONÄR

Viele Menschen haben ziemlich gut klingende Argumente:
»Karriere und Kinder lassen sich eben nicht unter einen Hut
bringen«, »Nur mit einer 80-Stunden-Woche schaffe ich den
nächsten Karrieresprung, das halte ich nicht durch«, »In meinem
Alter finde ich keinen Traumpartner mehr. Der Zug ist abgefahren«, »Egal was ich anpacke, am Ende geht es sowieso schief«.

Diese Schuldigen sind besonders beliebt: Der Chef, die Gesundheit, die Kinder, der Ehepartner, die Eltern, die Hypothek
fürs Haus, der Autokredit, die innere Antriebslosigkeit, die Umstände (und das Alter natürlich) – doch worum geht es wirklich?

Für Entscheidungen gibt es oft mindestens zwei Gründe: Den
ersten Grund, der sich gut anhört – und dann den zweiten, wahren Grund, den man lieber versteckt. Manchmal auch vor sich

selbst. Beim Thema Veränderung in der Lebensmitte ist dies häufig: Die Angst vor Veränderungen. Unser innerer Widerstand ist zu Beginn mitunter enorm groß und unser Wille noch nicht stark genug. Wir wollen es nur halbherzig, trauen uns aber auch nicht, dies zuzugeben. Deshalb formulieren wir gut klingende Ausreden in der Gestalt von markigen Argumenten und belügen uns damit in erster Linie selbst. Meistens ist uns das noch nicht einmal bewusst. So ging es auch mir vor einigen Jahren.

VON PERSÖNLICHEN AUSREDEN UND SELBSTBETRUG

Im Jahr 2000 hatten meine Frau Elke und ich uns zu einem fantastischen Urlaub entschlossen: Canyoning in Südfrankreich. Mit Seil und Neoprenanzug die schönsten Schluchten der Haute Provence entdecken. Unberührte Natur und ein ortskundiger Führer sorgten für unvergessliche Tage. Bei mir in doppelter Hinsicht: Am fünften Tag geriet ich beim Abseilen an einem 20 Meter hohen Wasserfall ins Rutschen und stürzte ab. Schmerzhafte Prellungen am ganzen Körper und ein angebrochener rechter Knöchel beendeten den Traumurlaub für mich.

Der Knöchel heilte zwar, diente mir jedoch fortan als unbewusste Universalausrede beim Thema Bewegung. Ich wurde immer dicker und fand gegenüber meiner Frau, die Sportlehrerin ist, eloquente Gründe, warum ich keinen Sport mehr machen konnte. Die Schmerzen beim Auftreten – Joggen ging da halt nicht, Radfahren tat weh, Aerobic noch mehr. Meine Frau lachte dann immer nur spöttisch und machte mich mit einem kurzen »Ja, ja« sehr wütend. Irgendwann nervte mich mein Übergewicht zwar, doch gleichzeitig war ich fest von dem überzeugt, was ich da erzählte.

Ich fühlte mich schrecklich unverstanden. Doch heute weiß ich: Meine gut klingenden Argumente waren schlicht Unsinn. Ich hatte vorher viel Sport getrieben, dann nichts mehr – und war nun einfach komplett aus der Übung. Schon einfachste sportliche Aktionen waren entwürdigend anstrengend und sorgten für Frust. Da kam meinem »Mann im Ohr« die Ausrede mit dem Knöchel mehr als recht.

Jahre später verursachten meine ersten Joggingversuche dann zwar auch tatsächlich bei jedem Schritt Schmerzen, aber nach kurzer Zeit wurde es besser und schließlich konnte ich fast wieder joggen wie zuvor. Unser Körper ist anpassungsfähiger als wir denken – und unsere Ausreden auch.

● ● ● ● ● ● ● ● ● ● AKTIV-IMPULS

DEN NERVIGEN INNEREN DIALOG STOPPEN

Für Veränderungen beziehungsweise Verbesserungen im Leben braucht man Mut, mehr Energie – und demzufolge guten Nachtschlaf. Aber wer kennt das nicht? Da hat man es sowieso schon schwer im Leben, wird vom Schicksal gebeutelt, fällt abends müde ins Bett und will sich erholen – aber dann geht es doch nicht, weil die innere Mühle unaufhörlich rattert. Die Inder nennen es Affengeschnatter, die Amerikaner *Awfulising* (etwas schrecklich machen), die Psychologen den Inneren Dialog. Wir käuen die negativen Erlebnisse und Gedanken des Tages wieder, sobald unser Gehirn Zeit hat und auf dumme Gedanken kommt. Wie kann man diese Selbstsabotage stoppen?

Unterbrechen Sie das Sorgen-Machen. Denken Sie Kunstworte wie »Yleimun« oder positive Substantive.

Da wir nur einen Gedanken zur gleichen Zeit denken können, heißt das Zauberwort: Konzentration. Wir müssen unser Gehirn beschäftigt halten wie ein kleines Kind. Dies funktioniert beispielsweise, indem wir Unsinn denken, bewusst sinnlose Kunstworte wie »Yleimun«. Durch die permanente Wiederholung regen wir unser Entspannungszentrum im Gehirn an. Das gleiche Prinzip wendet eine Mutter an, wenn sie ihr Kind im Arm sanft hin und her wiegt.

Wenn Sie also ein sinnloses Kunstwort wiederholen, sich dazu auf Ihren Atem konzentrieren und – je nach Fähigkeit – auch noch versuchen, das Pulsieren ihres Herzschlags zu spüren, sind Sie so beschäftigt, dass Ihr Gehirn nach einiger Zeit erschöpft in den Entspannungsmodus schaltet und Sie einschlafen. Das funktioniert (wie jedes Training!) nicht unbedingt beim ersten Mal, aber es lohnt sich, diese bewährte Technik zu üben.

Alternative zum Kunstwort: Hervorragende Ergebnisse erzielen viele Menschen auch mit der Wiederholung von positiven Worten, zum Beispiel: »Glauben – Vertrauen – Zuversicht«. Eine effektive Alternative zum Schäfchenzählen – klingt banal – und funktioniert oft verblüffend gut. Finden Sie Ihre eigenen Worte.

DIE »RICHTIGE« ENTSCHEIDUNG IN DER LEBENSMITTE

Ein häufiges Problem in der Coaching-Praxis: Wieso handeln wir oft nicht, obwohl wir es angeblich doch so sehr wollen und drücken uns vor notwendigen Entscheidungen? Dabei ist auch diese Passivität eine klare Entscheidung. Wir entscheiden uns durch Passivität dafür, dass andere Menschen oder Situationen uns ihre Version der Realität aufzwingen. Wer nicht handelt, wird gehandelt.

Wie bei meiner Knöchel-Ausrede hören sich kreative Argumente meist fantastisch plausibel an. Sobald man jedoch tiefer gräbt, gibt es Hinweise auf die wirklichen Hintergründe und Ängste:

1. Angst vor der falschen Entscheidung

Als mir ein älterer Mentor zum ersten Mal sagte: »Du kannst gar keine falschen Entscheidungen treffen«, da war ich irritiert und wütend zugleich: Was für ein Unsinn!

Aber nehmen wir einmal eine klassische Entscheidung: Fahren Sie im Urlaub lieber in die Berge oder ans Meer? Sie entscheiden sich für die Berge und es regnet zwei geschlagene Wochen. Dann scheint das eine klare Fehlentscheidung gewesen zu sein. Aber stimmt das tatsächlich? Können Sie sich da sicher sein? Nicht unbedingt, weil Sie nie wissen werden, was im anderen Fall geschehen wäre. Vielleicht hätten Sie sich am Strand einen schweren Sonnenbrand zugezogen, das Fischragout im Hafenlokal wäre verdorben gewesen oder eine riesige Feuerqualle hätte Sie beim Baden verbrannt und der allergische Schock hätte Sie ins Krankenhaus gebracht. Es kommt vielmehr auf unsere innere Einstellung an. Was machen wir aus einer einmal getroffenen Entscheidung?

Zurück in die Berge: Da regnet es also geschlagene zwei Wochen. Jetzt könnten Sie genervt auf Ihrem Zimmer fernsehen oder Sie gehen trotzdem im Regen wandern. Vielleicht treffen Sie dann – gerade *weil* es regnet – in einer einsamen Berghütte Ihre/n Traumpartner/in. Sie oder er wärmt sich gerade vollkommen durchnässt an einem Jagertee aus der Thermoskanne. Sie teilen die Wärme, kommen ins Gespräch, finden Gemeinsamkeiten – und Ihr Leben verändert sich auf wunderbare Weise. Und das alles nur, weil es geregnet hat.

Die wundersamen Wendungen des Lebens zeigt eine schöne, alte Geschichte:

Einem Bauern läuft sein bestes Pferd davon. Die Leute im Dorf sagen: »Was für ein Pech!« Der Bauer antwortet nur: »Wer weiß?« Eine Woche später kommt das Pferd zurück, mit einem halben Dutzend Wildpferden im Schlepptau. Die Leute im Dorf sagen: »Was für ein Glück!« Der Bauer antwortet nur: »Wer weiß?« Der Sohn des Bauern will die Wildpferde zureiten, wird abgeworfen und bricht sich ein Bein. Die Leute im Dorf sagen: »Was für ein Pech!« Der Bauer antwortet nur: »Wer weiß?« Kurze Zeit später bricht ein Krieg aus, die Armee zieht durchs Dorf und rekrutiert alle jungen Männer. Mit Ausnahme des Bauernsohns mit dem gebrochenen Bein. Die Leute im Dorf sagen: »Was für ein Glück!«. Der Bauer antwortet nur: »Wer weiß?«

Können wir also wirklich wissen, was passiert wäre, wenn …? Um das Ganze auf die Spitze zu treiben, könnte man jetzt Zweifler und Skeptiker fragen: Können Sie Gedanken lesen? Wenn Sie sich dagegen entscheiden, Ihren Chef um eine Gehaltserhöhung zu fragen oder um ein paar Monate unbezahlten Urlaub, können Sie dann sicher sein, dass er sowieso abgelehnt hätte? Können Sie die Zukunft voraussagen? Dann machen Sie das unbedingt sofort zu Ihrem Beruf. Wenn nicht, sollten Sie vielleicht doch ab und zu einmal etwas Neues ausprobieren, mutige Fragen stellen oder es für möglich halten, dass das Leben Sie positiv überrascht, wenn Sie etwas Besonderes wagen.

2. Eine richtige Entscheidung muss sich auch gut anfühlen

Das sich eine richtige Entscheidung auch gut anfühlen muss, war für mich lange Zeit eine Art Naturgesetz. Und folgerichtig sortierte ich die Entscheidungen aus, die sich nicht gut anfühlten. Das klappte auch gut, aber es verbesserte sich nichts mehr in meinem Leben.

> *» Wer tut, was er immer tut, bekommt nur das, was er bereits hat. «*

Ich liebe solche Klischees und Binsenweisheiten – wenn man sie mit dem Herzen hinterfragt und ihre Hintergründe analysiert. Es gibt viele einfache und sehr wahre Tatsachen, die wir rasch wieder abhaken, weil sie sich so einfach anhören. »Das ist doch unter meinem Niveau.« Wirklich? Wenn ein Bauer Jahr für Jahr Weizenkörner aussät und darauf hofft, dicke Kartoffeln zu ernten, dann ist das ein albernes Beispiel. Wenn wir uns jahrelang im Büro ducken, beim Chef oder in der Partnerschaft den Mund halten und darauf warten, dass wir andere Ergebnisse in unserem Leben bekommen, ist das dann nicht minder naiv und dumm?

Wenn dann in der Lebensmitte langsam der Schmerz größer wird und wir anfangen, ernsthaft über eine Veränderung nachzudenken – vielleicht sogar erste zarte Versuche starten – dann fühlen wir uns auf einmal unwohl und lassen es lieber gleich wieder. Da unterscheiden wir uns nicht wirklich von Graugänsen, denn Veränderungen bedeuten für unseren Selbsterhaltungstrieb: Achtung, neu! Potenzielle Lebensgefahr!

Der Verhaltensforscher Konrad Lorenz hat einmal mit einem simplen Selbstversuch getestet, ob nicht nur bei seinen Graugänsen, sondern auch bei uns Menschen instinktive Programme für »Recht und Ordnung« sorgen. Sie können dieses Experiment leicht nachvollziehen und – ganz wichtig für zukünftige »richtige« Veränderungen in ihrem Leben – nachempfinden!

Unwohlsein auf dem Arbeitsweg

Für den Versuch benötigen wir praktischerweise keine Graugänse, wir nehmen lediglich uns selbst und eine möglichst langjährige Alltagsroutine. Zum Beispiel Ihren Weg zur Arbeit. Rechts in die Prenzlauer Allee, dann links auf die B 96 und dann immer geradeaus. Das können Sie jeden Tag – sogar ohne dabei wach zu werden. Bis auf morgen früh. Denn dann machen Sie ausnahmsweise etwas Verrücktes: *Morgen fahren Sie bitte einmal komplett anders!* Nutzen Sie Nebenstraßen, einen Weg, auf dem Sie noch nie langgefahren sind. Steigen Sie in eine andere U-Bahn, fahren Sie einen Umweg oder nehmen Sie den Bus, wechseln Sie das vertraute Transportmittel. Verlassen Sie Ihre Routine! Sie kommen letztlich zwar am gewünschten Ziel an – aber Sie fühlen sich zwischendurch mit großer Wahrscheinlichkeit sehr unbehaglich. Obwohl diese »Veränderung« ja eher lächerlich ist. Dennoch ist ihr Unterbewusstsein alarmiert.

Verhaltensforscher Lorenz war damals selbst fasziniert von seiner »irrationalen« und sehr emotionalen Reaktion. Denn was passiert hier? Unser Körper befindet sich in erhöhter Alarmbereitschaft, denn hinter jeder Kurve könnte eine Gefahr lauern. Hier springen alte Evolutionsprogramme an.

Es ist sofort nachvollziehbar, dass der Weg in einem unbekannten Teil des Dschungels vor 5 000 Jahren voller Gefahren war. Wer sich hier besonders vorsichtig und mitunter ängstlich verhielt, hat überlebt. Die Übermutigen und Sorglosen wurden gefressen. Unsere Vorfahren haben es richtig gemacht.

Insofern sind wir die Nachkommen von Angsthasen, wie Hirnforscher Gerald Hüther locker betont. Viele Programme und Reflexe, die früher unser Überleben gesichert haben, sind im heutigen Großstadtdschungel jedoch nicht nur überflüssig, sondern verhindern häufig auch ein erfülltes Leben und mehr Lebensqualität. Und mit zunehmendem Alter wird es nicht unbedingt leichter.

Bleiben wir beim morgendlichen Stau auf dem Weg zur Arbeit. Wir sind heute bereits zu spät dran, vorne an der Ampel geht es nicht vorwärts und jetzt hupt der Typ im Wagen hinter uns auch noch provozierend. Links will sich einer vordrängeln, der hinterm Steuerrad lautlos aber deutlich sichtbar schimpft und erregt gestikuliert. Der Blutdruck steigt, das Herz pocht,

Ärger und Wut rasen durch unsere Adern. Unsere Nebennieren schütten fleißig Cortisol und Adrenalin aus. Wieder springt ein Notfallprogramm an, da unser Unterbewusstsein hier Lebensgefahr vermutet.

> » *Wir stammen von Angsthasen ab –*
> *die Mutigen haben nicht überlebt.* «
> GERALD HÜTHER, NEUROBIOLOGE

Der Aktionsplan »Angriff oder Verteidigung« wird vorbereitet. Unser Körper fährt sich sozusagen warm, die Durchblutung unserer Extremitäten wird verbessert, unser Herz pumpt schon mal auf Vorrat. Jeder Judoka und Tischtennisspieler weiß, dass im Wettkampf die Reflexe zählen. Was früher in der Steppe auf der Flucht vor einem Säbelzahntiger und heute beim Sport sinnvoll war und ist, hat im Alltag gravierende Nachteile. Denn unser Gehirn, genauer gesagt unsere Großhirnrinde, wird leider gleichzeitig in den Stromsparmodus geschaltet.

Beim Programm »Angriff oder Verteidigung« sind Argumente und Analysen nur hinderlich. Hier gilt es alles abzuschalten, was nicht unbedingt gebraucht wird. Jeder verfügbare Tropfen Blut wird in den Muskeln benötigt, nicht in der Großhirnrinde. Unglücklicherweise sitzt jedoch ausgerechnet in dieser grauen Masse unser Sprachzentrum und unser Verstand. Wenn wir wütend sind oder Angst haben, ist unser Sprachzentrum aufgrund dieses alten Überlebensprogramms häufig gestört.

Bei der Konfrontation mit der Chefin oder dem Nachbarn fällt uns nicht das richtige Argument ein. Außerdem fühlen wir uns in Stresssituationen und bei allem, was potenziell Veränderung und somit auch Gefahr bedeutet, nicht gut. Es könnte ja lebensbedrohlich sein. *Das ist ein biologisches Naturgesetz.* Akzeptieren wir es – und machen wir das Beste daraus!

3. Ich entscheide mich nicht jetzt, sondern lieber »später«

Wenn wir nun darauf warten, bis wir eine grundsätzliche Entscheidung in der Lebensmitte erfühlen, werden wir noch im Altersheim warten. Und genau das tun viele Menschen. Sie sitzen eine Entscheidung so lange aus, bis sich eine Alternative von selbst erledigt hat. Das ist keine Wahl mehr, das ist Entscheidungsvermeidung. So verpassen wir Chancen – und mehr Lebensqualität.

● ● ● ● ● ● ● ● ● AKTIV-IMPULS:

DEN »ENTSCHEIDUNGS-MUSKEL« TRAINIEREN

Sie wollen sich besser und mutiger entscheiden? Wir können in verschiedensten Bereichen und Altersstufen unser Verhalten trainieren und dazulernen, nicht nur beim Sport oder als Kind in der Schule. Es funktioniert auch beim Entscheiden.

Trainieren Sie Ihr Gehirn, indem Sie jeden Tag kleine (!) Entscheidungen bewusst und besonders schnell treffen: Bestellen Sie im Restaurant nach einem »30-Sekunden-Blick« in die Karte, morgens beim Kleidercheck vor dem Schrank, im Bad beim Parfum auflegen oder am Zeitungskiosk. Akzeptieren Sie, dass auch mal eine Entscheidung danebengeht. Vielleicht müssen Sie mal einen Thunfischsalat essen statt Steak oder haben einen Tag lang das »falsche« Aftershave aufgelegt.

Der Effekt ist jedoch: Sie trainieren Ihr Unterbewusstsein[5] und machen sich erfrischend aktiver. Wie immer gilt jedoch: Training lohnt nur, wenn man es über einen längeren Zeitraum tut – schließlich bringt eine einzige Stunde Golfunterricht auch noch nicht allzu viel. ● ● ●

---

5 Siehe Malcolm Gladwell: *Blink! Die Macht des Moments*, Frankfurt/Main 2005

VI. FUSSFESSELN

Warum wir es mit zunehmendem Alter oft so schwer
haben und Veränderungen hassen – und wie wir dem
inneren Widerstand am besten begegnen.

VON GLÜCK, ÜBERLEBEN UND UNSEREM GEHIRN

Überspitzt gesagt, fallen uns viele Lebensveränderungen im
fortgeschrittenen Alter deshalb immer schwerer, weil unser Gehirn so anspruchslos und so leicht zufrieden zu stellen ist. Es
soll uns und unserer Spezies beim Überleben helfen. Egal wie.
Mehr nicht.

Wenn Sie also dieses Buch eigenständig lesen und zur Arbeit
gehen können, ist unser Selbsterhaltungstrieb bereits hellauf
begeistert. Und im mittleren Alter muss unsere Überlebens-
strategie bisher sowieso genial gewesen sein, schließlich verab-
schiedeten sich die Menschen in der Steinzeit sozialverträglich
mit durchschnittlich 26 Jahren. Wir hingegen haben überlebt!
In Westeuropa ist auch im schlimmsten Fall die Mahlzeit für
heute und morgen gesichert, wir laufen nicht Gefahr nachts im
Schlaf zu erfrieren oder erschossen zu werden. Womöglich
haben wir bereits Kinder in die Welt gesetzt, das ist mehr als
genug. Punkt.

Unser Gehirn wurde von der Evolution keineswegs entwickelt, um uns glücklich zu machen. Gute Gefühle sind kein Selbstzweck, sondern können aus Sicht der Natur sogar schädlich sein. Was wäre passiert, wenn der erste Frühmensch sich nach einer erfolgreichen Jagd einfach hingelegt und ohne Ende sein Glück genossen hätte? Eine Katastrophe!

Wir haben also in der Mitte des Lebens seit mehreren Jahrzehnten den Kampf ums Überleben regelmäßig gewonnen und unser Gehirn folgt demzufolge seiner schlichten, aber für die Arterhaltung sehr vorteilhaften Logik.

Fürs nackte Überleben benötigen wir keinen Ferrari, keine Häuschen im Grünen, auch keine Erfüllung im Job und schon gar nicht mehr Lebensqualität. Unser Unterbewusstsein denkt da sehr kurzfristig und sehr pragmatisch, denn das Leben ist ein komplexes Gebilde. Mit der Gesamtheit unseres bisherigen Verhaltens haben wir überlebt. Das ist ein Fakt. Aber welche Teile davon waren jetzt entscheidend?

Unsere Umsicht? Die Tatsache, dass wir damals eben nicht nach Madrid gezogen sind? Die Entscheidung für unseren Lebenspartner? Womöglich sogar unsere Ängstlichkeit an sich? Oder gar der tägliche Ärger, der uns aktiv hält? Das ist für unser Gehirn zu komplex, um es mit Bestimmtheit zu sagen. Deshalb ist die beste Variante: Bloß nichts ändern, solange es geht, denn jede Änderung kostet nicht nur viel Energie, sie kann sogar potenziell lebensgefährlich sein.

Um dieses Argumentationsmuster zu durchbrechen, muss der

Veränderungswille sehr stark sein, und das macht Veränderungen in der Lebensmitte oft so mühsam. Die Arbeit mit einem Coach kann den Prozess deutlich beschleunigen, denn unglücklicherweise haben wir uns auf unserem jahrzehntelangen Weg auch einige Gewohnheiten – unbewusste Programme – antrainiert, die uns behindern. Weil diese uns einfach nicht bewusst sind, aber dennoch die Ergebnisse in unserem Leben entscheidend beeinflussen, sind sie besonders unangenehm.

NEGATIVE MUSTER UND GEWOHNHEITEN

Kennen Sie Menschen, die immer zu spät kommen und ständig gehetzt sind? Andere wiederum sind ständig krank, wechseln dauernd den Job, stehen vor Gericht oder haben regelmäßig Geld- oder Figurprobleme. Warum häufen sich solche Merkmale bei manchen Menschen und bei anderen nicht?

Eine gute Freundin von mir kann machen, was sie will – sie schafft es niemals pünktlich zu einer Verabredung, obwohl es ihr peinlich ist. Einmal war die verpasste U-Bahn schuld, dann ein überraschender Telefonanruf, vergessene Unterlagen, das Kind hatte den Hausschlüssel versteckt, und sie musste ihn endlos suchen. Es gibt immer gute Gründe, schuld waren angeblich die Umstände, nie sie selbst. Unser innerer Autopilot beeinflusst uns, ohne dass wir es bewusst bemerken. Wir können nur an den Ergebnissen in unserem Leben feststellen, was da alles unbewusst bei uns abläuft.

Manche Leute sind ständig krank. Wenn nicht gerade eine Erkältungswelle bereitsteht, dann klemmen sie sich den Ischiasnerv ein, verderben sich beim Inder den Magen oder haben starke Migräne. Manche erwischt es jeden Montagmorgen. Andere wiederum neigen zu Unfällen. Sie stürzen von Leitern, stolpern über Aktentaschen, bekommen Stromschläge oder haben einen Autounfall.

Manche kommen nie mit ihrem Geld aus. Auch die überraschende Gehaltserhöhung oder das zusätzliche Weihnachtsgeld stopfen bestenfalls Löcher. Das Girokonto ist grundsätzlich überzogen, der Dispokredit bis auf zehn Euro ausgereizt. Andere haben eine Neigung zu Unordentlichkeit oder das permanente Gefühl der Unersetzbarkeit. Nicht selten heißt es dann: »Ich kann einfach nie Urlaub machen!« Wir alle kennen solche negativen Muster bei anderen. Und wie ist das bei uns selbst? Wann ändern sich diese hartnäckigen Programme, die wir nicht haben wollen? Wann hört das endlich auf? Die Antwort ist wiederum einfach und dennoch leider nicht immer leicht umzusetzen.

> *» Unser Leben ändert sich, wenn wir selbst uns verändern. «*

Das Leben zu ändern macht vielleicht oft nicht sofort Spaß und fällt vielen mit zunehmendem Alter immer schwerer. Der alte Baum, den man nicht mehr verpflanzt, ist sprichwörtlich, dennoch ist es bis ins hohe Alter biologisch absolut möglich! Entgegen früherer Forschung wissen wir heute, dass unser Gehirn auch noch mit 80 Lebensjahren neue Synapsen bilden kann, vorausgesetzt, wir *wollen* es wirklich. Vorausgesetzt, wir wissen, was wir *warum* verbessern möchten.

Veränderungen bringen aber auch Herausforderungen mit sich. Wir werden immer auf Widerstand stoßen, egal wobei. Auch das ist eine Art Grundregel beim Durchstarten. Doch die gute Nachricht ist: Wir können von jedem Ausgangspunkt zu unserem Ziel gelangen. Egal wie »verkorkst« das Leben vielleicht bisher war. Die folgenden Kapitel handeln von Möglichkeiten, wie wir unsere Ziele auch bei widrigen Umständen zur Lebensmitte erreichen, denn *wir müssen immer einen Preis zahlen – auch wenn wir nichts tun.*

MOTIVATION ZUR VERÄNDERUNG AUFSCHREIBEN
Grundlegende Verhaltensänderungen sind schwer. Als Motivation kommen nur große Begeisterung oder großer Schmerz infrage. Manchmal hilft es, sich Folgendes deutlich vor Augen zu führen: *Haben Sie schon einmal überlegt, was passiert, wenn Sie in Ihrem Leben nichts ändern? Erstellen Sie eine Liste!*
Wo stehen Sie dann in sechs Monaten? In einem Jahr? In fünf Jahren? Schreiben Sie es einmal auf. ● ● ● ● ● ● ● ● ● ●

Für manche ist solch ein schriftliches Negativ-Szenario eine nützliche Motivation. Vielleicht interessieren Sie unter diesem Aspekt auch die beiden folgenden Geschichten, die das Gesetz des Verfalls illustrieren.

DUMMER FROSCH UND KLUGER MENSCH?

Was passiert, wenn man einen quicklebendigen Frosch in heißes Wasser setzt? Der Frosch merkt sofort, wie unangenehm das ist und sieht zu, dass er seine Froschschenkel unter den Arm nimmt und da wegkommt. Ein beherzter Hüpfer, und er ist raus aus der Gefahrenzone und in Sicherheit. Was aber passiert, wenn man den Frosch in kaltes Wasser setzt und er es sich dort gemütlich machen kann?

Er denkt: Gutes Jagdrevier, hier bleibe ich. Und dann erwärmt man langsam das Wasser. Der Frosch genießt vielleicht die wohlige Wärme. Ein bisschen Komfort kann nicht schaden. Dann aber wird es langsam wärmer und wärmer. Bis der Frosch gekocht wird. Er flieht nicht, weil die Veränderung so langsam geschieht. Dummer Frosch – uns Menschen würde das natürlich nicht passieren, oder?

Anfang 20 war ich mit meinen 1,94 Metern schlank und wog etwa 85 Kilogramm. Es kamen der Fernsehjob, der Stress, viele Reisen ohne Sportmöglichkeiten und Hotels mit grandiosen Frühstücksbuffets, schließlich meine glückliche Ehe – so etwas kann ja schon ein wenig bequem machen. Erst störten mich die 90 Kilogramm auf der Waage, bei 95 bekam ich Rückenschmerzen und steuerte zwischendurch mit Diäten dagegen. Dann kam ein Sportunfall und eines Morgens stand ich wieder einmal auf der Waage und entschied: Die ist eindeutig defekt, denn sie zeigte mir fälschlicherweise 103 Kilogramm an, und das konnte natürlich nicht stimmen.

Leider doch. Ich hatte die Gewichtszunahme nur nicht mehr bemerkt, weil ich so beschäftigt war. Weil es so schleichend ging. Hier mal ein paar Gramm mehr, zwischendurch ein paar Erfolge mit dem Abnehmen, dann wieder etwas Speck drauf, Entschuldigung hier, Ausnahme dort – war ich jetzt grundsätzlich klüger als der Frosch?

UNSER LEBEN IST AKKUMULATIV – ALLES SAMMELT SICH AN

Vielleicht kennen Sie ja ähnliche Situationen zumindest vom »Hörensagen«. Wenn wir morgen aufwachen würden und 20 Kilogramm Übergewicht hätten, die Treppe in den zweiten Stock nicht mehr ohne Keuchen und Zwischenstopp bewältigen oder unter einer viertel Million Schulden ächzen würden, dann wären wir höchst alarmiert. Aber hier und da mal ein paar Erdnussflips oder »Darf's ein Bierchen mehr sein?« Was soll das schon groß ausmachen.

Tägliche Kleinigkeiten machen einen großen Unterschied. Für den nächsten Urlaub überziehen wir einfach kurz das Konto, der neue Wagen wird geleast und die Waschmaschine gibt es mit null Prozent Finanzierung bei 84 Monaten Laufzeit. Die ruht dann später schon längst mit Schleudertrauma im siebten Wäschehimmel und wir zahlen weiter ab.

Übergewicht, Bankrott oder eine Scheidung passieren selten einfach so über Nacht, sie sind in der Regel keine plötzlichen Katastrophen, sondern Ergebnisse von Entwicklungen in vielen kleinen Schritten. Die schlimmsten Dinge entwickeln sich schleichend. Allerdings auch die guten!

Aus einem gesparten Euro pro Tag werden in 25 Jahren mit Zinseszins leicht 100 000 Euro, und wenn wir jeden Tag nur zehn Gramm abnehmen würden, hätten wir auch in ein paar Jahren unser Idealgewicht erreicht. Vollkommen unbemerkt! Die Herausforderung liegt bei *jeden Tag.*

Unser Leben ist akkumulativ – ein fürchterliches Wort, das für so manches »böse Erwachen« in der Lebensmitte verantwortlich ist. *Alles* sammelt sich über Jahre hinweg an, führt zu Ablagerungen. Wie der Kalk im Wasserkocher.

Es lohnt sich, regelmäßig inne zu halten und Bilanz zu ziehen. Läuft mein Leben in die richtige Richtung? Bin ich heute gesünder, zufriedener und wohlhabender als vor einem Jahr? Nur im Langzeitvergleich erkennen wir die Richtung in unserem Leben, die Alltagshektik macht uns zu oft blind für das Wesentliche. Und dann denken wir, es geht eben nicht anders. Aber sind das nicht oft nur Überzeugungen, die wir ändern können?

EIN LÄCHELN FÜRS GLÜCK

Eine Übung, bei der ich anfangs geglaubt habe, sie sei Unsinn und könne gar nicht funktionieren, ist wissenschaftlich bestens untersucht. 42 Muskeln in unserem Gesicht erzeugen unsere Mimik. Wenn wir glücklich sind, lächeln wir. US-Forscher Paul Ekman konnte wissenschaftlich erhärten, dass wir uns mithilfe unserer Gesichtsmuskeln Glücksgefühle verschaffen können. Durch das Lächeln werden sensorische Punkte gereizt und unser Gehirn bekommt über Feedback die Bestätigung: Es geht uns gut. Irgendetwas – was auch immer – müssen wir also richtig gemacht haben. Und folgerichtig werden Belohnungshormone ausgeschüttet.

Wenn Sie glücklich sind, lächeln Sie. Doch es geht auch anders herum: Lächeln Sie – und Sie fühlen sich besser! Allerdings erfüllt nicht jedes Lächeln seinen Zweck. Das höfliche oder fiese Lächeln ist da wenig hilfreich. Es muss schon das »ehrliche Lachen« sein. Doch woran erkennen wir das?

Vereinfacht gesagt: An den Lachfalten um die Augen! Ekman nannte diese Form das »Duchenne-Lächeln« zu Ehren des französischen Physiologen Guillaume-Benjamin Duchenne (1806–1875), der als Erster den Augenringmuskel untersuchte.

Also schauen Sie morgens in den Spiegel und schenken Sie sich ein ehrliches Lächeln, bei dem Ihre Augen mitlachen. Spannen Sie Ihre Augenringmuskeln an und lassen Sie sich überraschen!

Besonders praktisch: Es funktioniert auch, wenn Ihnen am Anfang gar nicht danach zu Mute ist. Probieren Sie es einfach mal ein paar Tage lang aus und beobachten Sie sich dabei. Allerdings brauchen Sie etwas Geduld. Wenn man schlecht gelaunt ist, entwickeln sich die guten Gefühle so langsam wie ein Hefeteig. Geben Sie sich eine gute halbe Stunde, danach fühlen sich die meisten Menschen besser!

VON VORURTEILEN UND GLAUBENSSÄTZEN

Ein weiterer Grund, warum uns Veränderungen zur Lebensmitte so schwer fallen, ist, dass wir einfach schon eine Menge
erlebt haben und zu wissen glauben, wie die Welt funktioniert.
Wir sind von den Stürmen des Lebens geschliffen worden und
haben unsere Erfahrungen gut abgespeichert. In den bekannten
Schubladen im Kopf. Und je länger wir leben, umso mehr fer-
tige Schubladen kommen hinzu. Wir denken: *So ist das Leben
nun einmal. Das habe ich mittlerweile verstanden.* Was aber ist,
wenn wir das Schubladendenken einmal hinterfragen?

> » *Kann man aus der Vergangenheit immer*
> *auf die Zukunft schließen?* «

Waren wir schon immer so – und können daran jetzt in der
Mitte unseres Lebens nichts mehr ändern? Wie war das eigentlich früher mit dem Lernen und den negativen Emotionen
dabei?

LAUF-HÜRDEN UND KINDLICHE MOTIVATION

Erinnern Sie sich noch daran, wie Sie damals Laufen gelernt haben? Wohl kaum. Das war zu früh. Sie konnten damals ja noch
nicht einmal sprechen. Und das war gut so, denn das bedeutete,
Sie konnten damals noch nicht mit sich selbst reden und sich
beim Laufen lernen sabotieren.

Jedes gesunde Kind lernt, wie man läuft. Aber ist das jeweils
eine nahtlose Erfolgsgeschichte? Schauen wir doch einmal etwas genauer hin:

Eingepackt in dicke Windeln sitzen wir breitbeinig auf dem Wohnzimmerboden und schauen auf die große, verlockende Welt um uns herum. So viele spannende Dinge, die es zu entdecken gibt! Allerdings die meisten außer Reichweite – keine Chance heranzukommen. Oder etwa doch? Wie sieht es zum Beispiel mit dieser großen Obstschale aus – da hinten auf dem Tisch? Lecker. Und die Äpfel darauf leuchten verführerisch rot. Aber wie kommt man da heran! Unerreichbar? Gerade noch hat sich Papa um einen gekümmert, dann ist er jedoch aufgestanden, auf zwei Beinen zu diesem großen Loch in der Wand gegangen und hat das Zimmer verlassen. Soweit so gut. Es muss irgendwie gehen!

Was für ein Gefühls-Orkan wird in einem solchen Moment in uns ausgelöst worden sein! Garantiert nicht nur Glück und Freude. Zuerst einmal Begierde. Der Wunsch, an diese leuchtenden Äpfel zu kommen. Wir setzen uns in Bewegung, das ist mühsam. Wir fühlen die Anstrengung. Erstmal vom Rücken auf den Bauch drehen und dann zum Tisch krabbeln.

Der Weg ist lang, das dauert und frustriert. Jetzt kommt etwas Angst vor dem Neuen auf, aber die Lust auf den Apfel ist einfach größer. Zu rot leuchtet er im Sonnenlicht, das durchs Fenster auf die Schale scheint. Die Neugier siegt und wir kriechen weiter voran. Der Tisch wird immer höher und die Obstschale immer unerreichbarer. Jetzt können wir sie nicht einmal mehr sehen. Keine Chance. Aussichtslos. Wir versuchen uns am Tischbein hochzuziehen und rutschen ab. Bums, das war nichts. Versagt. Und jetzt?

Jetzt haben wir einfach weitergemacht. Einmal, zweimal, dreimal, immer wieder. Wir sind abgerutscht, auf den Bauch gefallen. Haben uns wieder hochgezogen, haben dann das Gleichgewicht verloren und sind auf unseren Hintern geplumpst.

Wir haben immer wieder versagt – und trotzdem weiter gemacht. Endlich haben wir uns mit der Kraft der Verzweiflung am Stuhlbein aufgerichtet, nur noch ein unbeholfener Schritt und wir können mit ausgestrecktem Arm die Tischdecke erreichen. Geschafft! Jetzt festhalten und hochziehen. Aber was passiert jetzt?

Die Tischdecke gibt nach, die Obstschale rutscht vom Tisch – sie ist Gottseidank aus Kunststoff. Wir prallen heftig auf das Steißbein und wissen nicht, wie uns geschieht. Irritation, Angst und Frustgefühle überfluten uns – allerdings nur kurz. In diesem Moment prallt der köstlich rote Apfel von der wackelnden Bodenvase ab und kullert uns direkt vor die Füße. Mit beiden Händen packen wir das Objekt unserer Begierde, heben es hoch, öffnen voller Vorfreude den Mund – und müssen dann feststellen, dass wir gerade mal eine Handvoll Milchzähne haben. Mist!

Wie viele Emotionen stecken in dieser kleinen Episode eines Kinderlebens! Hoffnung, Begierde, Vorfreude, Frust, Anstrengung, Schmerz, Überraschung, Schock. Bei weitem nicht nur »Kinderglück«. In kurzer Zeit gibt es bei Kindern Lachen, Weinen, Wut, Staunen und Begeisterung. Als Kind haben wir in kurzer Zeit Unglaubliches vollbracht! Das durchschnittliche Kind muss 4 500- bis 5 000-mal üben, bevor es sicher stehen kann!

Große Hürden haben wir erst überwunden, nachdem wir es wieder und immer wieder versucht haben. Weil wir nicht wussten, dass man auch scheitern kann. Weil wir noch nicht wussten, wie man sich selbst im Kopf durch den inneren Kritiker sabotieren und entmutigen lassen kann. Wir sind damals bereitwillig und voller Neugier durch unterschiedlichste Gefühlsstürme gegangen. Auch zahlreiche negative Gefühle und bittere Enttäuschungen gehörten dazu. Aber wir waren nicht nachtragend wie heute. Und wir haben nicht aufgegeben.

» Als Kind sind wir alle 5000-mal
hingefallen – und immer wieder
aufgestanden. «

Mit etwas Übung können wir als Erwachsene einen großen Teil dieser Unbefangenheit wiedererlangen, in Lebensqualität verwandeln und so unserer Selbstsabotage ein Schnippchen schlagen. Es war und ist bereits alles in uns, was wir dafür benötigen. Wir müssen es nur wieder hervorholen. Und das kann man trainieren wie Radfahren oder einen Halbmarathon.

Genau darum, mit welchen Strategien Sie dieses »Tun« effektiv und vor allem erfolgreich (!) gestalten können, geht es in den nächsten beiden Kapiteln.

● ● ● ● ● ● ● ● ● AKTIV-IMPULS

KLEBEZETTEL FÜR MEHR EFFIZIENZ UND FREUDE

Von Erfolgsautor Hermann Scherer habe ich folgenden Tipp, der mit minimalem Aufwand Zeit spart und gleichzeitig dabei helfen kann, große Ziele und Projekte in der Lebensmitte rascher und effektiver zu erreichen.

Schreiben Sie auf einen Klebezettel die Frage: »Bringt dich das, was du gerade tust, deinem Ziel näher?« Kleben Sie den Zettel dorthin, wo sie ihn oft lesen, zum Beispiel jeden Tag neu in ihren Tages-Zeitplaner oder morgens an Ihren Computermonitor. (Wichtig: Plätze variieren, damit Sie sich nicht irgendwann daran gewöhnen und den Zettel gedanklich ausblenden.)

Wenn beim Lesen nicht sofort spontan ein kraftvolles »Ja!« aus Ihnen herausprudelt, dann suchen Sie nach Alternativen. Was können Sie verbessern? Die konsequente Anwendung dieser Methode führt mittelfristig zu mehr Zeit und weniger Stress. ● ● ● ● ● ● ●

VII. ERSTE-HILFE-KOFFER: WAS TUN BEI SELBSTZWEIFEL UND ANGST?

Wie Sie erkennen, dass Sie sich unbewusst vom Anfangen abhalten – und was Sie gegen Ängste beim Durchstarten tun können.

» *Humor ist die Medizin, die am wenigsten kostet und am leichtesten einzunehmen ist.* «

GIOVANNINO GUARESCHI, AUTOR VON »DON CAMILLO UND PEPPONE«

Wir haben im Idealfall ein großartiges Ziel, für das wir brennen und einen detaillierten Rückwärts-Plan. Wir wissen, dass es machbar ist – dann kann ja nichts mehr schiefgehen, oder doch?

Wenn wir unsere inneren Saboteure nicht hätten, wäre das vermutlich richtig. Und alle Ratschläge für Erfolg, Glück und erfolgreiche Lebensveränderungen würden in Blockschrift auf einen DIN-A5-Zettel passen. Wir wären alle längst an unseren Zielen angekommen. Soviel zur Theorie.

Timothey Gallwey[6], der große Vater des modernen Coachings,

---

6   Timothey Gallwey: *The Inner Game of Tennis*, New York 1974

prägte in diesem Zusammenhang die Formel »Leistung gleich Potenzial minus Störung«. Die »technischen« Probleme der äußeren Welt sind oft recht einfach lösbar, die schwammigen »mentalen« Probleme in unserem Kopf hingegen umso schwerer. Wir müssen lernen, mit unserem »Mindfuck«, wie der Titel eines Buches von Petra Bock lautet, also unserer inneren Selbstsabotage, umzugehen, um unsere Ziele zu erreichen.[7] Große Freude bereitet mir dieser simple – und gerade deshalb so klare – Spruch von Wimbledon-Sieger Boris Becker:

> » Gewonnen oder verloren wird zwischen
> den Ohren. «
> BORIS BECKER, TENNISPROFI

Wir können uns unsere negativen Gedanken als störrische Schweinehunde, liebevolle Leibwächter oder quengelige innere Kinder, die nie Ruhe geben, vorstellen. Suchen Sie sich Ihre Lieblingsversion aus. Diese melden sich mit Ängsten, Ungeduld, Sorge und Skepsis, Mutlosigkeit und Verzweiflung.

Alle Menschen sind höchst unterschiedlich, und welche Übung oder welcher Impuls für Sie persönlich den richtigen, besonderen Kick bringt, der Ihnen hilft, Ihre Ziele am einfachsten zu erreichen, kann außer Ihnen selbst niemand beurteilen. Sicher ist nur: Es gibt ihn.

Wenn ich mein altes Tagebuch durchblättere, erkenne ich, dass ich schon in jungen Jahren einige Erfolgsstrategien verstandesmäßig erkannt hatte, aber nicht in der Lage war, sie folgerichtig in meinen Alltag einzubauen. Sie waren noch nicht in meinem Herzen angekommen.

---

7 Wegweisend hierzu: Petra Bock, *Mindfuck*, München 2011

Mehr Lebensqualität zu gewinnen und aus Krisen gestärkt hervor zu gehen, ist eigentlich einfach:

» Erfolg bedeutet, die richtigen Dinge
gelassen und freudig immer und immer
wieder so lange zu tun, bis das ge-
wünschte Ergebnis erreicht ist. «

Dieser Satz, in Variationen bekannt aus Dutzenden Büchern, Seminaren und Workshops, war für mich lange einer dieser abgedroschenen »Machersprüche«. Klingt in der Theorie super, funktioniert in der Praxis aber nicht wirklich. Und wenn Sie ehrlich sind, müssten Sie wie über 90 Prozent der Menschen dieser Erkenntnis zustimmen. Doch woran liegt das?

Wir wollen uns nach bestem Wissen und Gewissen verändern, wissen detailliert, wie wir es tun können – und schaffen es dann doch nicht. Aber wenn man eine Diät anfängt, dann will man doch wirklich aus vollster Überzeugung Kilos loswerden, oder etwa nicht? Und dann klappt es am Ende doch wieder nicht mit der Strandfigur. Vor lauter Frust könnte man vor Wut gleich in den nächstbesten Schokoriegel beißen!

Immer wieder versuchen wir es mit guten Ratschlägen: »Kopf hoch!«, »Denk positiv!«, »Das wird schon!«. Aber leider funktioniert dies bei ungefähr zwei Dritteln aller Menschen nicht, sondern erzeugt Stress und ein schlechtes Gewissen, weil ich die Sache anscheinend nicht positiv genug angegangen bin. Was können wir alternativ tun?

ERSTE HILFE BEI AKUTEM SELBSTZWEIFEL

Funktionierende Strategie hin, Freunde und Unterstützer her. Niemand ist gegen einen akuten Anfall von Selbstzweifel oder »Aufhöreritis« gefeit. Wenn es bei Ihnen einmal so weit ist, kann folgende Abmachung nützlich sein:

Ich höre auf und lasse das alles. Ich habe die Nase voll! Ich mache das nur noch heute zu Ende und dann höre ich definitiv auf – aber erst morgen!

Das ist der feine Unterschied: *Morgen aufhören* – nicht heute! Morgen können Sie jede Entscheidung treffen, die Sie wollen. Sehr häufig sind diese Anfälle von Selbstzweifel heftig, jedoch vorübergehend. Meistens reicht es, noch eine halbe Stunde durchzuhalten und dann eine Pause zu machen. *Treffen Sie in Phasen des Zweifels keine Entscheidungen für immer – sondern immer nur für den Augenblick, bis maximal morgen früh.*

Wichtig ist *einzig und allein nur der nächste Schritt!* Dieser banale Satz ist bei der Frühjahrsdiät genauso wichtig wie bei der Besteigung des Mount Everest ohne Sauerstoffmaske.

MIT »PRODUKTIVEM DENKEN« ZUM NEUSTART

Positives Denken ist eine gute Grundlage, reicht jedoch allein nicht aus. Im Gegenteil: Weil sich viele Menschen weitgehend darauf verlassen, dass sie ihren Erfolg ja beim Universum bestellt haben, ist es mit verantwortlich dafür, dass sie sich nach einer Veränderung in ihrem Leben sehnen und doch oft nicht wirklich viel passiert. Es ist eben nicht genug, sich positive Ergebnisse vorzustellen. Wir müssen zusätzlich Schwächen erkennen, selbstkritisch sein, Lösungen suchen, unsere Leistungen konstruktiv bewerten, Defizite abbauen und ins Handeln kommen.

Ein bewährter Weg ist hierbei, statt nur positiv besser *produktiv* zu denken. Was heißt das? Produktiv schließt selbstkritisches Denken mit ein. Selbstkritisch heißt auf keinen Fall, negativ zu sein (»Ich schaffe das sowieso nicht«, »Ich bin ein Pechvogel«), aber unsere Emotionen – auch die negativen – für eine Veränderung zu nutzen.

Als besonders hilfreich haben sich folgende Fragen bewährt:

* Wozu ist das gut?
* Welcher Vorteil ist in dieser Situation für mich versteckt?
* Was kann ich tun, damit es mir bald besser geht?
* Was tue ich als Erstes, damit ich mich schnell besser fühle?

Wenn Ihnen zum Beispiel der morgendliche Alarm des Weckers Qualen bereitet und Sie mindestens dreimal auf die Schlummertaste drücken, verfestigen Sie das Programm: Morgenwecker bedeutet Schmerzen, Frust und Müdigkeit. Wenn Sie sich jetzt auch noch bemitleiden, verbessert sich gar nichts. Sie verstärken nur das Programm Selbstmitleid.

Allerdings ändert sich auch wenig, wenn Sie ausschließlich positiv denken: Alles ist großartig, das wird schon wieder. In diesem Fall unterdrücken Sie vielleicht die Schmerzen des frühen Aufstehens. Je länger Sie das machen, umso schlimmer wird es. Hier kann Umlernen sehr nützlich sein.

Prüfen Sie stattdessen nüchtern Ihre Alternativen: Wenn Sie liegen bleiben, bekommen Sie bald ein Problem mit Ihrem Vorgesetzten, wenn Sie aufstehen, ist noch Zeit für eine heiße Dusche und einen duftenden Kaffee. Konzentrieren Sie sich darauf und Ihr Leben wird sofort leichter!

Veränderungsprozesse sind eine Vertrauenskrise mit unserem Gehirn, die wir bewältigen müssen. Wir müssen unser Gehirn erst davon überzeugen, dass es sich lohnt, Synapsen neu zu verschalten. Das kostet reichlich Energie, und die Natur ist da erst einmal skeptisch. Deshalb brauchen wir dringend Kontinuität und Erfolgserlebnisse.

Nutzen Sie die Mini-Mäuseschritt-Technik aus Kapitel IV, holen Sie sich Unterstützung bei Ihren Freunden, halten Sie Ziele und kleine Etappensiege unbedingt schriftlich fest, damit Sie Ihre Fortschritte schwarz auf weiß vor sich sehen. Und ganz wichtig in Veränderungsprozessen: Lassen Sie nicht zu, dass aufkommende negative Gefühle Ihr zukünftiges Leben bestimmen. Es sind nur Hormonausschüttungen in unserem Körper – sonst nichts. Entscheidend ist allein unsere Reaktion darauf. Ähnlich ist es auch bei Stress. Ist der eigentlich gut oder schlecht? Mehr dazu auf den folgenden Seiten.

AKTIV-IMPULS

ERFOLGS-JOURNAL FÜR GLÜCKS-BEWUSSTSEIN

Diese Ergänzung zum Impuls »Tages-Smiley als Glücks-Check« (Seite 23) ist eine der effektivsten Übungen für mehr Lebensqualität. Sie dauert jeden Tag nur zwei bis drei Minuten und macht auf Dauer richtig glücklich.

Führen Sie ein Mini-Tagebuch mit fünf positiven Ereignissen des Tages. Schärfen Sie Ihre Wahrnehmung für Positives!

Führen Sie in Ihrem Organizer oder in Ihren Computer in Stichpunkten eine Art Mini-Tagebuch. Beantworten Sie sich darin folgende Fragen:

- Was war heute richtig gut?
- Was hat mich glücklich gemacht?
- Was ist mir gut gelungen?
- Wer oder was hat mich heute positiv überrascht?
- Was habe ich heute hinzugelernt?
- Was hat mich näher zu meinen Zielen gebracht?

Finden Sie jeden Tag möglichst fünf Punkte – das muss nichts Spekta-
kuläres sein, ein Kinderlächeln, ein Kuss oder ein anerkennender Blick
der Chefin tun es auch schon.

Wissenschaftlich gesehen trainieren Sie hierbei Ihre Wahrnehmung: Ihr
Unterbewusstsein wird nach einiger Zeit automatisch Dinge suchen,
die Sie abends aufschreiben können, damit es »schneller ins Bett
kommt«. Es wird also immer einfacher!

VON STRESS, »ZUVIELISATION« UND BURNOUT

Während wir heute das Modewort Stress für alles und jedes benutzen, kommt der Begriff eigentlich aus der Werkstoffkunde
und geht auf das Jahr 1936 zurück. Wissenschaftler unterscheiden zwischen zwei Arten von Stress: »Eustress« und »Dystress«.

Eustress ist gut und steigert unsere allgemeine Leistungsfähigkeit. Wenn die Arbeit Spaß macht und wir die Zeit darüber
vergessen, wenn wir beim Computerspielen den *Highscore* kna-
cken oder auf dem Tennisplatz die Ballwechsel besonders gut
gelingen, stehen wir biologisch gesehen zwar auch unter Stress,
aber es tut uns gut, stärkt unser Immunsystem.

Zu wenig Herausforderung macht uns müde, schwächt unsere Abwehrkräfte und verkürzt bei Zootieren sogar nachweislich das Leben (der Begriff tödliche Langeweile ist somit durchaus berechtigt – vermutlich auch bei Menschen).

»Dystress« hingegen steigert über die Hormone Adrenalin
und Noradrenalin) zwar auch unsere körperliche Leistungsfähigkeit, blockiert jedoch unter anderem durch Cortisol ziemlich
effektiv unser Großhirn, sodass wir nachweisbar nicht mehr so
gut denken können. Eine Katastrophe in der Gehaltsverhand-
lung mit dem Chef, beim öffentlichen Auftritt vor Publikum
oder im Stau auf dem Weg zur Arbeit. Was steckt dahinter?

Normalerweise leben wir sehr energiesparend. Wir atmen langsam, die Muskelspannung ist gering. Unser Körper stellt nur so viel Energie zur Verfügung wie unbedingt nötig. Der Rest wird gespart für Notzeiten. Eine clevere Erfolgsstrategie. Ein sehr komplexes Hormonsystem hält unser System in einem sparsamen Gleichgewicht (Homöostase). Dumm jedoch: Dieses Gleichgewicht ist nicht geeignet um zu kämpfen, um Krisen zu bewältigen oder um zu lernen! Deshalb lösen Veränderungen in der Umwelt (Stressoren) eine Stressreaktion aus und wir bekommen blitzartig mehr Energie zur Verfügung gestellt. Das ist bei allen Organismen ein grundlegender Prozess. Selbst Bakterien haben Stress. Bei uns Menschen sind die Auswirkungen des komplexen Notfall-Programms diese:

Herzschlag, Blutdruck und Atemfrequenz steigen (mehr Körperkraft), wir spannen unsere Muskeln an (Achtung, Nackenverspannung!), fangen an zu schwitzen. Die Stimmbänder verkrampfen sich (Frosch im Hals). Unsere Aufmerksamkeit ist erhöht. Dafür fahren Verdauung, Immunsystem, Schmerzempfinden, Zellwachstum und Libido (Kinderkriegen ist plötzlich ein Problem) herunter. Unser Großhirn wird regelrecht abgeschaltet wie bei einem Stromausfall in der Großstadt.

Wir müssen diesem biologischen Notfallprogramm eigentlich sehr dankbar sein. Es hat das Überleben unserer Art gesichert, denn wer erst ausgiebig nachdenkt und abwägt, was zu tun ist, wenn Krieger des befeindeten Nachbarstamms schreiend und mit Äxten bewaffnet auf einen zustürmen, hat ein Problem.

Um Grübeln in lebensgefährlichen Situationen zu verhindern und gleichzeitig alle Energiereserven für Angriff und Verteidigung zu mobilisieren, blockieren komplexe biochemische Prozesse blitzschnell erhebliche Teile unseres Großhirns, den *Neocortex*. Das Sprachzentrum wird lahmgelegt, denn kontroverse Diskussionen waren damals beim Kampf auf Leben und Tod auch wenig sinnvoll.

Die Hormone Noradrenalin und Adrenalin verhindern die Weiterleitung von Signalen zwischen den Nervenzellen. Gleichzeitig werden andere Bereiche unterhalb unseres Großhirns optimal aktiviert, jeder verfügbare Blutstropfen wird in unsere Muskeln gepumpt.

Unser Gehirn meint es gut mit uns, denn diese alten Gehirnbereiche arbeiten sehr viel schneller als unsere hochspezialisierten grauen Zellen. Adrenalin geschwängert können wir kämpfen oder fliehen, als hätten wir kurzfristig einen Turbo zugeschaltet.

Aber was nutzt uns das, wenn wir im Stau nicht weglaufen wollen? Gut gemeint ist auch in diesem Fall nicht unbedingt gut gemacht. Das archaische Überlebensprogramm arbeitet nicht sehr differenziert. Es macht keinen großen Unterschied zwischen einer wirklichen Lebensgefahr und Situationen, die zwar irgendwie bedrohlich erscheinen, aber physisch vollkommen ungefährlich sind. Häufiger als uns lieb ist, läuft das Programm regelrecht Amok.

Alles, was neu ist oder irgendwie als fremd und somit potenziell bedrohlich interpretiert wird, kann eine gefährliche Blockade unseres Großhirns auslösen.

DAUERSTRESS MACHT DUMM!

Und genau hier liegt die wirkliche Herausforderung unserer modernen Zeit: Andere Generationen mussten oft schlimmere Krisen wie Krieg, Vertreibung, konkrete Lebensgefahr und Hunger bewältigen und hatten zwischendurch durchaus mehr Stress. Aber es gab auch mehr Ruhephasen. Unser Problem sind die vielen kleinen Stressoren als Dauerberieselung. Bei Dauerstress verwandelt sich Konzentration leicht in Konfusion.

Wissenschaftler haben untersucht, dass eine Mutter mit Kind im Einkaufszentrum an einem Nachmittag mehr Entscheidungen treffen muss als ein Steinzeitmensch in seinem ganzen Leben. Und ein zehnjähriger Junge hat heute bereits mehr Sinnesreize verarbeitet als vor hundert Jahren ein Hundertjähriger. Wenn die Stressreaktionen in unserem Körper zu lange anhalten, hat das dramatische Auswirkungen auf das Zellwachstum. Wir altern vorzeitig und im Gehirn wird der Hippocampus (eine wichtige Schnittstelle für unser Gedächtnis und fürs Lernen) abgebaut. Bei einer Alzheimer-Krankheit ist er mit als Erstes betroffen. Er erneuert sich ständig – außer bei Dauerstress. Dann schrumpft er wie ein übertrainierter Muskel. Wir können uns immer weniger merken und werden nachweislich dümmer!

Wenn wir uns mental unterfordern im Büro, innerlich kündigen, wird es jedoch nicht wirklich besser. Was mit den Muskeln eines eingegipsten Beins geschieht, weiß jeder. Viele Menschen in der Lebensmitte sind mental entweder unter- oder übertrainiert. Ein wichtiger Grund für die weit verbreitete, gefühlte Überforderung in unserer Zuvielisation.

● ■ ● ■ ● ● ● ● ■ AKTIV-IMPULS

RUHEPAUSEN GEGEN ZELLABBAU UND KONFUSION

Stoppen Sie die Reiz-Dauerberieselung mit individuellen Lösungen. Egal wie! Wir müssen unbedingt für Ruhepausen sorgen, damit sich der Hippocampus (er sieht aus wie ein Seepferdchen) wieder regenerieren kann! Gerade in Stressphasen ist es entscheidend, die Konzentrationsfähigkeit ganz besonders zu schulen und Ablenkungen gezielt auszublenden.

Suchen Sie Ihren individuellen Weg! Finden Sie heraus, welche Bedürfnisse Sie haben und planen Sie sie in ihrem Alltag ein: Fünf-Minuten-Spaziergang in der Natur? Sport, um Stresshormone abzubauen? Ein ermutigendes Gespräch mit einer vertrauten Person?

Winston Churchill und Leonardo da Vinci waren Fans von kurzen Power-Naps. In vielen Fällen hat es sich bewährt, spätestens alle eineinhalb Stunden eine kurze Pause zu machen. Wir arbeiten effektiver und verhindern den fatalen Dauerstress. ● ● ● ● ● ● ●

In Stresssituationen sind wir durch die Hormonausschüttungen ohnehin hypersensibel und die Umwelt wirkt lauter und greller. Wir fühlen uns gerade deshalb überlastet, oft fremdbestimmt und schütten noch mehr Stresshormone aus. Ein Teufelskreis!

Hierzu eine kleine, alte Geschichte – mit moderner Wahrheit:

Ein weiser fernöstlicher Meister wurde von seinen Schülern auch deshalb bewundert, weil er trotz seines Alters ein unglaubliches Arbeitspensum bewältigen konnte. Dennoch wirkte er niemals gestresst, sondern immer entspannt und ruhig. Seine Schüler fragten ihn nach dem Geheimnis seiner Energie und Leistungsfähigkeit. Seine Antwort: »Wenn ich stehe, dann stehe ich. Wenn ich gehe, dann gehe ich. Wenn ich laufe, dann laufe ich.« Die Schüler waren von dieser Antwort enttäuscht. Wie konnte diese Banalität das Geheimnis sein? Sie probierten es aus – schafften jedoch wesentlich weniger als der Meister. Wie konnte das sein? Der alte Mann sagte nur: »Wenn ihr steht, dann geht ihr schon. Wenn ihr geht, dann lauft ihr schon. Wenn ihr lauft, dann seid ihr schon am Ziel.«

Die meisten Menschen nutzen die Energie, die unser Körper uns durch Stressreaktionen zur Verfügung stellt, nicht sinnvoll. Statt zu lernen und zu wachsen lenken sie sich bei Stress ab (das nennt man Maladaption).

Sie setzen sich stundenlang vor den Fernseher, spielen Computerspiele, surfen im Internet – und sorgen dadurch für noch mehr Sinnesreize. Das ist keine gute Idee! Durch zusätzlichen Stress in unserer Freizeit kann die Belastung im Job oft nicht mehr ausgeglichen werden.

Die Folge: Chronisches Erschöpfungssyndrom und Burnout als moderne Zivilisationskrankheiten – und mehr! Bleibt unser Hormonspiegel dauerhaft hoch, leiert unser Immunsystem aus und Viren oder Bakterien haben leichtes Spiel mit uns. Biologisch ist das sogar erwünscht. Mutter Natur – die Evolution – probiert ständig aus. Entweder ein Lebewesen passt sich gut an seine Umwelt an – dann hat es vergleichsweise wenig Stress und Angst und sein Adrenalinspiegel ist niedrig – oder es kommt mit der Umwelt nicht zurecht, wird krank und stirbt aus.

Machen Sie es besser. Sorgen Sie unbedingt für Ruhephasen in Ihrem Leben und für Eustress (siehe Kapitel II) – vielleicht ja bereits bald mit Ihren individuellen Zielen und »Strategien für mehr Lebensqualität« aus Kapitel III und IV!

⦾ ⦾ ⦾ ⦾ ⦾ ⦾ ⦾ ⦾ ⦾ A K T I V - I M P U L S

DER GEWINNER-REFLEX

Entspannen Sie innerhalb von Sekunden, senken Sie Ihren Blutdruck und verarbeiten Sie Stress besser als jemals zuvor. Mit dem Gewinner-Reflex ist dies machbar: *Atmen Sie bei Alltags-Stress dreimal hintereinander aus und lassen Sie die Schultern fallen. Das ist ganz einfach, bewirkt aber Wunder!*

Zum wissenschaftlichen Hintergrund: Unsere steinzeitlichen Vorfahren handelten immer nach demselben Muster. Bei Gefahr atmeten sie tief ein, spannten die Muskeln an und rannten weg. Heute regieren wir bei Stress anders.

Wenn wir ein unangenehmes Telefonat vor uns haben, atmen wir zwar ein, ziehen unbewusst die Schultern hoch – und bleiben sitzen! Mit fatalen Folgen: Durch das Einatmen steigt der PH-Wert in unserem Blut, der Calcium-Spiegel sinkt, unsere Nerven werden besonders leicht erregbar. Durch die Muskelanspannung verkrampfen die Muskeln und die Durchblutung verschlechtert sich. Der Körper produziert den Müdemacher Nummer Eins: Milchsäure. Das ist ein Teufelskreis!

Der Gewinner-Reflex hilft auch Formel-1-Piloten zu Höchstleistungen, wenn sie mit 150 Kilometer pro Stunde durch die Schikane jagen: Nach vier bis sechs Wochen regelmäßiger täglicher (!) Übung funktioniert das automatisch, und Sie werden vielleicht von der neuen Gelassenheit überrascht sein. ● ● ● ● ● ● ● ● ● ● ●

ERSTE HILFE BEI ÄNGSTEN

Alles, was neu für uns ist und wir für wert befinden, dass es getan wird, ruft automatisch Ängste und andere »negative Gefühle« in uns hervor. Die Fehlinterpretation dieser negativen Gefühle ist der häufigste Grund für ungelebte Träume und unerfüllte Wunschziele: Wir geben auf, weil sich der Weg zum Traumziel nicht sofort gut anfühlt. Dabei lautet eine wichtige Erkenntnis in Veränderungsprozessen wie folgt:

> *» Erfolg hängt nicht davon ab,*
> *wie man sich fühlt! «*

In unserer Gesellschaft lernen wir häufig von Kind auf, dass etwas Grundlegendes falsch läuft, wenn wir uns nicht permanent gut fühlen. Dieser fatale Irrtum ist verantwortlich für unendlich viel Leid, unerfülltes, unglückliches Leben und ungelebtes Potenzial. Dieses Missverständnis hat unzählige traumhafte Karrieren im Keim erstickt. Egal, was wir vorantreiben, die nächste Hürde kommt bestimmt, und wir werden uns garantiert vorübergehend schlecht dabei fühlen. Menschen, die sich in diesen Momenten auf ihre Gefühle konzentrieren, laufen Gefahr aufzuhören und zu scheitern. Gewinner beklagen sich vielleicht lautstark – arbeiten jedoch einfach weiter.

Wenn Sie zu Fuß die 3 000 Kilometer nach China gehen wollen und sich jeden Tag nur zehn Kilometer Fußmarsch vornehmen, kommen Sie nach einem Jahr an (300 Tage mal zehn Kilometer). Punkt. Simple Mathematik. Wenn Sie jedoch an jedem Tag, an dem Sie sich schlecht fühlen, eine Pause einlegen, vielleicht sogar mal zwischendurch ein paar Schritte zurückgehen, dann erreichen Sie nie Ihr Ziel. Frust und Skepsis lassen Sie irgendwann aufgeben. Das ist der ganze Unterschied. Eine Entscheidung – keine Frage der Gefühle.

Es ist eine Art Naturgesetz: Wenn wir anfangen, uns zu bewegen, etwas Neues zu tun, dann fangen wir auch an zu zittern. Die meisten Menschen, die sich an ihre erste Achterbahnfahrt auf dem Rummelplatz oder den ersten Krimi oder vielleicht Horrorfilm erinnern, können bestätigen: Angst kann auch Spaß machen. Erst wenn es um unser Überleben geht, ist Schluss mit lustig. Doch wie oft irren wir hier und blockieren uns unnötigerweise selbst?

ÄNGSTE UND DER FANTASIE-TURBO

Unsere archaischen Stress-Programme können auch anspringen, *wenn wir uns Konsequenzen und Probleme nur vorstellen.* Hier zahlen wir nach Ansicht einiger Wissenschaftler offenbar den Preis für unsere Kreativität und Intelligenz. Je bildlicher wir uns düstere Szenerien ausmalen, desto wahrscheinlicher wird eine Fehlfunktion. Ein später Horrorfilm oder ein Bestseller von

Stephen King kurz vor dem Einschlafen? Bei kreativen und sensiblen Menschen schon aus rein hormonellen Gründen keine gute Idee! Deshalb sind »Sorgenmachen« und »Zukunftsängste« so gefährlich.

● ● ● ● ● ● ● ● ● ● AKTIV-IMPULS

ZEHNMAL »SOFORTHILFE GEGEN ÄNGSTE UND ZWEIFEL«

1. Fragen Sie sich: *Wozu ist meine Angst gut?* Was ist daran hilfreich? Was will mir mein Unterbewusstsein, mein innerer Leibwächter damit sagen?
2. *Handeln Sie, auch wenn es noch so schwer fällt!* Gerade in Zeiten der Angst neigen wir häufig zu Passivität. Angst kann uns nur überwältigen, wenn wir unsere Augen von unserem Ziel entfernen, uns ablenken lassen. Vertrauen Sie auf ein Naturgesetz: Bleiben Sie aktiv, erledigen Sie kleine Schritte und die positiven Gefühle werden Ihnen mit Verzögerung folgen. Haben Sie Geduld, erfahrungsgemäß dauert es 30 bis 60 Minuten.
3. Fragen Sie sich: *Wie realistisch sind meine Ängste?* Kann ich sicher sein, dass ich mich nicht irre? Was ist aus den Ängsten meiner Vergangenheit geworden? Maximal zwei bis fünf Prozent unserer Ängste und Sorgen werden real. Der Rest ist Unsinn. Wie sinnvoll ist es nun, auf ein Frühwarnsystem zu achten, das in mindestens 95 Prozent der Fälle irrt?
4. Denken Sie daran: *Es geht immer nur um einen einzigen Tag.* Konzentrieren Sie sich nur darauf, was Sie heute tun und beeinflussen können. Der Rest kann warten. Diese simple Strategie hat schon sehr viele Menschen erfolgreich gemacht!
5. Stellen Sie sich hilfreiche, unterstützende Fragen. Fragen Sie nicht, *ob* Sie etwas schaffen können. Fragen Sie immer: *Wie könnte es*

funktionieren? Nutzen Sie dafür die kreativen Brainstorming-Techniken aus Kapitel IV.

6. *Lächeln Sie, auch wenn Ihnen nach Heulen zumute ist.* Es ist so banal und doch funktioniert es (siehe Übung »Duchenne-Lächeln«, Seite 103). Ihre positiven Gefühle werden mit Verzögerung folgen!

7. *Hören Sie inspirierende Lieder.* Musik wirkt direkt auf unser Stammhirn und sorgt für die richtigen Hormonausschüttungen.

8. *Schauen Sie in Ihr Erfolgs-Journal und Ihre Smiley-Bilanz* (Seite 23). Sie werden sehen, dass die negativen Stimmungen in der Vergangenheit wie Migräne irgendwann von selbst verschwunden sind. So wird es auch diesmal wieder sein!

9. *Sehen Sie Angst und negative Gefühle als mentalen Muskelkater.* Üben Sie weiter, züchten Sie positive Vorstellungen, und der Muskelkater wird verschwinden. Nutzen Sie Meditation als mentale Dehnübungen.

10. *Reden Sie rasch mit einem Mentoren oder einem Unterstützer aus Ihrem »Neustarter-Team«* (siehe Seite 79). Alternativ fragen Sie sich: Wie würde mein Vorbild jetzt reagieren?

GEDANKENHYGIENE FÜRS LEBENSGLÜCK

Tägliches Zähneputzen und Duschen ist für die meisten Menschen selbstverständlich. Körperhygiene ist Teil unserer Kultur, Gedankenhygiene hingegen führt immer noch ein Außenseiter-Dasein. Negative Gedanken haben daher ein leichtes Spiel.

An guten Tagen sind 90 Prozent aller Nachrichten negativ. Wir hören dieselben Katastrophen beim Aufwachen aus dem Radiowecker und im Bad beim Zähneputzen. Wir lesen über sie in der Zeitung, hören auf dem Weg zur Arbeit den schockierenden Hintergrundbericht im Rundfunk. Er ist in der Mittagspause Kantinengespräch und verfolgt uns auf dem Nachhauseweg. Abends in den Nachrichten sehen wir dann alles noch einmal in Farbe und hautnah.

Besser kann man sich Ängste und schlechte Laune gar nicht anzüchten. Dasjenige, was die meisten Menschen hier tun, ist hocheffektives Training für Unglück und Depressionen. Wir hämmern uns das Elend der Welt tief ins Unterbewusstsein: Familientragödien, Erdbeben, Krieg, Steuererhöhungen und Euro-Desaster. Unser Gehirn hört und sieht diese oft zehntausende von Kilometer entfernten Katastrophen von morgens bis abends und kommt zu dem Schluss: Wir sind in akuter Gefahr! Hormonausschüttung aktivieren!

● ● ● ● ● ● ● ● ● ● AKTIV-IMPULS

MENTAL-URLAUB STATT MEDIEN-TERROR
Starten Sie Ihren mentalen Abenteuer-Urlaub und *vermeiden Sie eine Woche lang die Dauerberieselung mit Katastrophenmedien:* Sieben Tage kein Radio, kein Fernsehen, keine Boulevard-Zeitung in der U-Bahn. Lassen Sie sich vom Ergebnis der digitalen Fastenwoche überraschen! ● ● ● ● ● ● ● ● ● ● ● ● ● ● ●

Wir drehen unseren individuellen Lebensfilm selbst. Jeden Tag. Wir schreiben das Drehbuch und beeinflussen damit direkt unsere Lebensqualität. Wenn wir jeden Tag nur Elend und Katastrophen filmen, bekommen wir einen Horrorfilm als Lebens-Movie. Ich will damit nicht sagen, dass wir die Augen vor den negativen Dingen des Lebens verschließen sollten, es kann jedoch sinnvoll sein, sich zu fragen: Wofür ist diese Information wichtig?

Sicherlich sind die Details einer blutigen Familientragödie, bei der ein Vater seine Frau und die drei minderjährigen Kinder getötet hat, schockierend. Und als Journalist wusste ich bereits früh: Das sollen sie auch sein, denn das verspricht höhere Auflagen und bessere Einschaltquoten. Aber wo liegt der Nutzen für das eigene Leben?

Ein Erdbeben in Neuseeland ist tragisch – doch welche Relevanz hat es für meinen heutigen Tag im Büro? Warum muss ich mir die Details des Unglücks sieben Mal am Tag ins Unterbewusstsein hämmern lassen?

Weil man angeblich informiert bleiben muss – *die Welt wird schließlich immer schlimmer und gefährlicher.* Wirklich? Als langjähriger tagesaktueller Reporter kann ich Sie beruhigen: Der wesentliche Grund für diese subjektive Wahrnehmung ist die Tatsache, dass es mehr Fernsehsender, mehr Kamerateams, Video-Handys und vor allem mehr Wettbewerb um Einschaltquoten gibt. Es gibt nicht mehr Unglücke auf der Welt[8] – es gibt lediglich mehr Möglichkeiten, sie bildlich festzuhalten, und über das Internet erreichen schockierende Bilder aus Pakistan oder die Epidemie im Kongo jedes Kinderzimmer. Die Medien nutzen geschickt unser instinktives Interesse an Krankheiten und Katastrophen.

Früher war es überlebenswichtig, wenn im Dorf jeder wusste, dass in der Nachbarschaft ein Tiger Menschen getötet hatte. Ein perverser Massenmörder in Australien, der junge Anhalterinnen abschlachtet, ist eine wichtige Information, wenn meine Tochter gerade ein Flugticket nach Sydney gekauft hat. Falls nicht, brauche ich diese Information nicht. Sie macht mein Leben nicht lebenswerter, sondern löst nur mehr diffuse Angst aus. Wird die Welt wirklich immer schlechter?

Suchen Sie den Kontakt zu alten Menschen, die Ihnen erzählen, wie es im Krieg oder kurz danach war, als die Häuser

---

8 Zukunftsforscher Matthias Horx vertritt vehement die These, dass unsere Welt heute sicherer ist als jemals zuvor in der Geschichte (vgl. www.trend-update.de).

zerbombt waren und der gesamte Besitz in ein kleines, abgewetztes Köfferchen passte. Damals, als es noch keine Fußbodenheizung und Thermofenster gab. Ein Leben ohne Ökostrom aus der Steckdose, ohne LED-Fernseher und Internet-Handy. Lassen Sie sich das Gefühl beim ersten Stück Schokoladentorte nach dem Krieg schildern oder beim ersten Urlaub nach zehn Jahren Aufbauarbeit.

Wenn Ihnen das zu abgehoben oder zu lange her ist, dann fragen Sie Gleichaltrige oder sich selbst. Ich erinnere mich noch gut an die Welt ohne Handys und Internet. Ein Fax im Büro war eine Sensation. Der Nachrichtenticker im Sender war ein Nadeldrucker und er hatte Durchschlagpapier für verschiedene Redaktionen. Urlaub buchen war kostspielig und man war auf das Engagement der Leute im Reisebüro angewiesen.

Wenn ich das Gefühl beschreiben soll, das mich erfüllte, als ich zum ersten Mal eine CD anhören durfte, bekomme ich jetzt noch Gänsehaut. Es war in einem Musikgeschäft in Lübeck in einem speziellen VIP-Raum. Der zweite Satz aus einer klassischen Symphonie von Schumann; ein Adagio, dann eine Pause und aus dem Nichts (!) setzten die Streicher ein. Da war kein Grmblpfschhhhknack vom Plattenspieler. Nur Stille. Die Streicher kamen einfach aus dem Nichts, wie bei einem Konzert. Nur ohne Husten und Räuspern im Publikum. Das war damals unglaublich. Ein Glücksrausch. Und heute?

In welchen Situationen sind Sie unzufrieden, genervt, betrübt? Wobei fühlen Sie sich mutlos, ängstlich oder wütend? Holen Sie sich mit gezielten Fragen aus dem (oft selbstgewählten) Elend, indem Sie Vergleiche ziehen, die Ihnen nützen. Relativieren Sie Ihr eigenes Schicksal anhand der Lebensgeschichten anderer – und auch anderer Generationen. Entziehen Sie sich der Negativität Ihrer Umgebung, suchen Sie die Nähe von Menschen, die Glück ausstrahlen.

Wir sind das Produkt der fünf Menschen, mit denen wir die

meiste Zeit verbringen. Fokussieren Sie sich nicht auf Menschen, denen es noch schlechter geht als Ihnen, sondern freuen Sie sich gemeinsam mit Menschen, die glücklich sind. Auch das färbt ab.

Gerade ab der Lebensmitte wird das Thema Krankheiten immer beliebter. Fast jeder kann hier mitreden und mit einer Geschichte brillieren. Börsen-Altmeister André Kostolany sagte im hohen Alter von 90:»Bis 50 dreht sich alles um Sex, ab 50 alles um den Stuhlgang.« Entziehen Sie sich diesen Diskussionen, holen Sie sich gleich heute mit»Gedankenhygiene« Ihre ganz persönliche Portion gute Laune.

⊛ ⊛ ⊛ ⊛ ⊛ ⊛ ⊛ ⊛ ⊛ AKTIV-IMPULS

GEDANKENHYGIENE IM ALLTAG
Machen Sie eine mentale Entziehungs-Kur: Meiden Sie eine Woche lang Miesmacher und Negativdenker. Ziehen Sie Vergleiche, die Ihnen nützen. Sie sind das Produkt der fünf Menschen, mit denen Sie am meisten Zeit verbringen! ⊛ ⊛ ⊛ ⊛ ⊛ ⊛ ⊛ ⊛ ⊛ ⊛

VON GROSSEN ZIELEN UND MIESEN GEFÜHLEN

Sich konkrete Lebensziele zu setzen, ist zu Beginn ein Akt des Mutes und kann große Ängste verursachen. Wie peinlich ist es, wenn man seine Ziele eventuell nicht erreicht? Ein nicht unbeträchtliches Risiko!

Wie generell im Leben, gilt vor allem bei unerwünschten, plötzlichen Veränderungen in der Lebensmitte der alte Spruch: *Wenn du es eilig hast, gehe langsam.* Erst gelassen nachdenken – dann beherzt handeln. Hierzu eine köstliche Geschichte, die ich in mein Herz geschlossen habe. Ich habe sie selbst schon ziemlich oft in Phasen der Mutlosigkeit hervorgeholt und gelesen:

Der Klient ruft verzweifelt und in Panik bei seinem Mentor an: »Es ist aus! Mein ganzes Geld ist weg. Ich habe meinen gesamten Besitz verloren. Ich bin am Ende, erledigt!«

Der Mentor fragt am Telefon: »Können Sie noch sehen?«

Klient: »Ja, natürlich kann ich noch sehen.«

Mentor: »Können Sie noch gehen?«

Klient: »Ja, selbstverständlich.«

Mentor: »Offensichtlich können Sie auch noch hören, sonst würden wir jetzt nicht telefonieren.«

Klient: »Ja, aber ich …«

Mentor: »Nun, dann können wir festhalten, dass Ihnen so ziemlich alles erhalten geblieben ist. Das Einzige, was Sie verloren haben, ist Geld.«

Nicht jeder wird über diese Geschichte schmunzeln können, vor allem dann nicht, wenn er gerade selbst in einer finanziellen Misere steckt. Mit etwas Abstand wird jedoch vieles relativ, wenn wir uns fragen: *Was kann im schlimmsten Fall passieren? Überlebe ich das? Wie werde ich in zehn Jahren darüber denken?* Dann entspannen sich unsere Muskeln, wir können besser denken und manchmal liegt die Lösung näher, als wir denken.

ERSTE HILFE BEI »ICH KANN DOCH NICHTS BESONDERES«

Wenn es um unsere persönlichen Kenntnisse und Fähigkeiten geht, sind wir oft sehr kritisch. »Ich kann nichts Besonderes«, höre ich oft im Alltag von Klienten, die auf der Suche sind. Wonach beurteilen wir das? Wie sicher können wir da sein? Unsere Fähigkeiten in Bezug auf ihre Nützlichkeit für unser Leben zu beurteilen, ist manchmal schwierig bis unmöglich.

Hierzu ein beeindruckendes Beispiel von Steve Jobs, dem verstorbenen Apple-Gründer:

2005 berichtete Jobs vor Studenten der Stanford-University aus seinem Leben. Von seinem ärmlichen Elternhaus, von seinem abgebrochenen Studium – und von seiner damaligen Begeisterung für Kalligraphie, also für Schrifttypen. Eine absolut brotlose Kunst, wie er als Student dachte, aber er liebte es und es war ihm egal. Zehn Jahre später, als er den ersten Macintosh-Computer designte, wurde dieses vermeintlich sinnlose Wissen auf einmal kostbar. Rückblickend ergab alles Sinn. Ohne Jobs Spezialwissen hätten Schriften auf dem Mac – und später auch auf dem PC – nicht so ausgesehen wie sie es heute tun. Eine vermeintlich nutzlose Jugendleidenschaft, so Jobs in seiner Rede, hat später die Computerwelt verändert.

Wir sollten also vorsichtig sein, im Voraus zu beurteilen, welche unserer Fähigkeiten wertvoll sind und welche nicht. Stattdessen kann es hilfreich sein, genauer zu überlegen, wie wir die einzigartige Kombination unserer Fähigkeiten noch besser für uns und unser Leben einsetzen.

Wir beurteilen unsere Fähigkeiten, indem wir uns mit anderen Menschen vergleichen. Das ist nicht in jedem Fall sinnvoll. Es wird immer Menschen geben, die uns auf bestimmten Gebieten überlegen sind. Aber das ist womöglich weniger entscheidend, als Sie glauben.

Ich kenne Sie, liebe Leserin und lieber Leser, nicht, weder Ihren Hintergrund, noch Ihre persönliche Geschichte. Und doch kann ich mit hundertprozentiger Sicherheit sagen: Sie sind einzigartig! Seit Anbeginn der Menschheit gab es keine einzige Person, die genau dieselbe Mischung aus Stärken und Schwächen hatte wie Sie, und es wird auch nie eine geben. Sie sind ein unverwechselbares Unikat! Selbst wenn Sie einen eineiigen Zwilling in der Familie haben, ändert das nichts. Entscheidend im Leben ist, was Sie aus dieser geschenkten Einzigartigkeit machen!

Und da haben Schwächen ihre Berechtigung wie das sprichwörtliche Salz in der Suppe. Womöglich sogar noch mehr! Wer sagt, dass selbst ein klares Handicap nicht auch einen großen Vorteil in sich verbergen kann? Vielleicht müssen Sie nur genauer hinschauen und kreativ überlegen?

» Warum ist es gut, dass Sie genau so sind und nicht anders? «

Auf einer großen Tagung durfte ich vor einiger Zeit einen sprühenden Redner erleben. Er stand auf der Bühne und begeisterte allein durch die Kraft seiner Gegenwart 3 000 Menschen im Plenum. Kennen Sie das, wenn Menschen vor Energie regelrecht erstrahlen? Ein einzelner Mensch schaffte es, 3 000 andere zu inspirieren, zu begeistern und wurde mit stehenden Ovationen geehrt.

Der Mann erzählte, dass er bis zu seinem 50. Geburtstag nichts Besonderes geleistet und ein unauffälliges, langweiliges Leben geführt hatte. Dann jedoch – als Spätberufener – entschloss er sich, Abenteuer zu erleben. Seitdem ist er weltweit unterwegs und genießt Flüge in Militärjets, Bungeesprünge, eine Atlantiküberquerung mit einem Ultraleichtflugzeug und vieles mehr. Im Saal konnte man seine Begeisterung noch in der letzten Reihe fühlen. Seine jauchzende Freude bei den wildesten Flügen und gefährlichsten Abenteuern in mitgebrachten Videos sehen. Hatte er Angst dabei? Sicher, aber die Freude über das Abenteuer war stärker. Dieser Mann war keineswegs Millionär, als er beschlossen hatte, seine Träume zu verwirklichen. Und seine Startvoraussetzungen waren nüchtern betrachtet sogar ziemlich schlecht und seine ehrgeizigen Pläne und Ziele eher verrückt und chancenlos, denn: Der Mann heißt Miles Hilton-Barber und er ist blind!

Sein Motto lautet: Die einzigen Grenzen in unserem Leben sind die, die wir selbst akzeptieren.

Es gibt viele solcher Beispiele. Der nach einem Stromschlag vierfach amputierte 43-jährige Franzose Philippe Croizon schwimmt nach seinem Unfall ohne Arme und mit Beinprothesen in 13 Stunden durch den Ärmelkanal.

Boris Grundl war Profi-Tennisspieler, der nach einem Klippensprung plötzlich nicht mehr laufen konnte. Diagnose: Querschnittslähmung. Welch eine Katastrophe ausgerechnet für einen Sportler! Es folgte der mentale Absturz: Depression, Sozialhilfe, tiefe Verzweiflung und Mutlosigkeit. Soweit ist der Weg eines Sportlers nachvollziehbar, der sich nach seinem schrecklichen Unfall noch nicht einmal selbst Strümpfe anziehen konnte. Dann stellte er sich eine entscheidende Frage: »Wozu ist das alles gut?« Welchen Vorteil könnte dieser doch so klare, tragische Nachteil haben?

Er fand seine Antwort: »Ich soll anderen Menschen ein Vorbild sein.« Danach änderte sich sein Leben dramatisch. Heute ist der ehemalige Sozialhilfeempfänger finanziell unabhängig und einer der europaweit erfolgreichsten Business-Trainer.

All diese Menschen begannen mit einem eindeutigen, objektiven Nachteil im Vergleich zu uns »Normalbürgern«, aber sie machten aus diesem Nachteil einen Vorteil. Was ist unmöglich, was ist Zufall? Was ist Glaube oder innere Überzeugung? Findige Kritiker und Skeptiker werden jetzt einwenden: »Na ja, das ist schon wieder so einzigartig, das trifft alles nicht auf mich zu. Klar ist das großartig, wenn eine Blinde oder ein Querschnittsgelähmter so etwas machen, aber ich bin doch nichts Besonderes.«

Wer dies sagt, übersieht jedoch ein wichtiges Detail: Weder war Boris Grundl der einzige Paraplegiker noch Miles Hilton-Barber der einzige 50-jährige Blinde. Sie haben jedoch das Beste aus ihrer Situation gemacht und nicht nach Gründen gesucht, warum ihre Pläne nicht funktionieren können. Unser Leben ist lediglich Rohmaterial für unsere Zukunft. *Was kann das für Menschen in der Lebensmitte bedeuten?* Das Leben hat uns geschliffen, wir haben vielleicht Chancen verpasst, mussten Unglücke verarbeiten, die andere nicht hatten. Manche hatten es schwerer als ihre Kollegen und Nachbarn. Und deshalb stehen sie dort, wo sie heute stehen. Aber das ist auf keinen Fall ein Grund zum Resignieren! Jeder kann vom Problemsucher zum Chancenseher werden. Alle Menschen haben eine einzigartige Biografie mit ihren ganz individuellen Stärken und Schwächen – die meisten haben lediglich noch nicht die Antwort auf die Frage gefunden: *»Wozu ist das alles gut?«*

● ● ● ● ● ● ● ● ● ●   AKTIV-IMPULS

MEINE EINZIGARTIGKEIT UNTER MILLIARDEN

Wenn Sie bisher dachten, dass Sie »nichts Besonderes« könnten, denken Sie neu! Die Kombination Ihrer Fähigkeiten ist garantiert einzigartig! Welche Fähigkeiten können Sie für sich nutzen und warum? Welche Ihrer vermeintlichen Schwächen sind vielleicht sogar ein Vorteil, Sie wissen es nur noch nicht? Welche Qualitäten ergänzen sich und machen Sie zu einem Unikat? Finden Sie den Vorteil Ihrer Einzigartigkeit heraus! Es ist wie bei einer Schatzsuche: Der Schatz ist definitiv vorhanden – aber wann werden Sie ihn heben?

Da Sie dieses Buch bis hierher gelesen haben, deutet das auf zweierlei hin: erstens, dass Sie den deutlichen Wunsch verspüren, wirklich etwas in Ihrem Leben zu verbessern, und zweitens liegt die Wahrscheinlichkeit, dass Ihr Unterbewusstsein bereits ziemlich genau weiß – besser als Ihr Verstand – was dafür zu tun ist, bei nahezu 100 Prozent.

Das Problem ist lediglich, dass sich das Unterbewusstsein nur schwer präzise bemerkbar machen kann. Schreiben oder Sprechen als Option steht nicht zur Verfügung. Der Verstand ist der Einzige, der sich artikulieren kann, unser Sprachzentrum sitzt in der Großhirnrinde. Unser schier allwissendes Unterbewusstsein kann dagegen nur mühsam mit unserem Verstand kommunizieren und ist bildlich gesprochen sicherlich oft außer sich vor Verzweiflung. Es muss mit ansehen, wie wir Fehler machen, uns manchmal von unseren Lebenszielen entfernen, statt uns darauf zuzubewegen – und kann nichts tun.

UNSER UNTERBEWUSSTSEIN WEISS MEHR

Kennen Sie das »*Locked-in*-Syndrom«? Es ist eine furchtbare Erkrankung, die manche Menschen nach einer speziellen Form des Hirnschlags befällt. Ist der Hirnstamm in Mitleidenschaft gezogen, verlieren Sie bei vollem Bewusstsein die Kontrolle über ihren Körper. Sie können sich nicht mehr bewegen, obwohl alle Sinne weiterhin funktionieren. Sie sind sozusagen – daher kommt der Name – im eigenen Körper eingeschlossen und können meist lediglich über Augenbewegungen mit der Außenwelt kommunizieren.

Ich glaube, so ähnlich muss sich unser Unterbewusstsein manchmal fühlen. Es erkennt 1000-fach mehr als unser Verstand, kann sich jedoch nicht ausreichend verständlich machen und muss hilflos mit ansehen, wie wir Chancen verpassen.

> » Unser sechster Sinn weiß alles –
> aber er redet sehr leise. «

Könnte es uns womöglich gelingen – wenn wir Momente der Ruhe schaffen und nachdenken – dass wir in der Stille plötzlich einen leisen, kostbaren Hinweis bekommen? Eine Lösung, die uns dabei hilft, Neues zu erkennen und zu tun und dann neue und womöglich bessere Ergebnisse in unser Leben zu ziehen? Etwas das immer schon da war, das wir jedoch nicht erkannt haben? Kann es sinnvoll sein, unsere Überzeugungen positiv zu lenken? Ja, denn sie sind mächtiger, als viele denken.

VON PLACEBO UND NOCEBO

Den Placebo-Effekt werden Sie vermutlich kennen: Es sind zum Beispiel Schlaftabletten die wirken, obwohl sie keinen Wirkstoff beinhalten. Der Nocebo-Effekt (*nocebo* = lateinisch: Ich werde schaden) bezeichnet das Gegenteil. Unsere negativen Überzeugungen machen uns krank – oder können uns sogar töten! Untersucht wird der Nocebo-Effekt erst seit wenigen Jahren. Er ist ein Abfallprodukt der Pharmaforschung, weil die gesetzlich vorgeschriebenen Doppel-Blind-Studien für die Zulassung neuer Medikamente mitunter schwer erklärbare Ergebnisse brachten.

Teilnehmer klagten über Nebenwirkungen, die sie eigentlich gar nicht haben konnten, da sie lediglich für die Kontrollgruppe mit wirkungslosen Tabletten ausgelöst worden waren. Die Ergebnisse der Nocebo-Forschung sind ziemlich erschreckend. Hier einige verblüffende Beispiele:

Üble Gedanken und Nebenwirkungen

Bei einer Placebo-Studie erhielten die Versuchsteilnehmer ein angeblich hochwirksames Brechmittel. Das Ergebnis: 80 Prozent der Probanden (auch die mit den Zuckerpillen!) klagten über Übelkeit und mussten sich nach kurzer Zeit übergeben.

Ein Mann wird von seiner Freundin verlassen, wird schwermütig und will sich das Leben nehmen. Er schluckt einen tödlichen Cocktail aus 29 Tabletten hochdosierter Antidepressiva. Ihm wird schwindelig, sein Blutdruck sackt ab und er bricht zusammen. Seine Freundin findet ihn bewusstlos auf dem Fußboden, der Rettungswagen bringt ihn ins Krankenhaus. Der Clou: Er nahm an einer Medikamentenstudie teil. Seine tödlichen »Antidepressiva« waren unwirksame Placebos!

Teilnehmer einer amerikanischen Studie litten plötzlich an insgesamt 38 verschiedenen Nebenwirkungen wie Kopfschmerzen, Verwirrung, Verstopfung und Übelkeit – obwohl sie nur Zuckerpillen geschluckt hatten.

Ein Patient hat von seinem Arzt die grauenhafte Diagnose erhalten, dass er Leberkrebs im Endstadium habe. Ihm blieben höchstens noch ein paar Wochen zu leben. Der Mann stirbt, doch bei der Obduktion finden die Pathologen lediglich einen zwei Zentimeter kleinen Tumor. Viel zu klein, um daran zu sterben. Was hat ihn umgebracht?

Unsere Gedanken können auch – wissenschaftlich nachgewiesen – Schmerzen verschlimmern: In einer weiteren Placebo-Studie wurde die Haut der Probanden mit einem Laserstrahl gereizt. Zuerst bekamen sie eine angeblich schmerzstillende Salbe. Das Ergebnis: kaum Schmerzen. Danach gab es auf einer benachbarten Hautstelle den harmlosen Laserstrahl »pur« – und die ausgiebige Warnung vor Schmerzen! Und siehe da, jetzt tat der Laser auf einmal schrecklich weh.

Jetzt sind wir aber durch mit den Horrormeldungen! Was hier alles negativ ausgedrückt ist, hat wie alle Medaillen auch eine Kehrseite. Und die ist diesmal außerordentlich positiv, denn Jerome Groopman, Immunologe an der *Harvard Medical School*, hält unser Gehirn für die beste Apotheke der Welt: *Das wichtigste Werkzeug für unsere Heilung ist die Macht des Gehirns.* Unser Gehirn ist in der Lage Stoffe zu produzieren, die sämtliche Medikamente zu Steinzeitwaffen degradieren. Unsere gesamte Hormon-Produktion wird direkt oder indirekt von unserem Gehirn gesteuert: Meditierende Fakire, die keinen Schmerz empfinden, verblüffende Fälle von angeblicher Spontan-Heilung in Lourdes. All dies ist mittlerweile durch die moderne Forschung durchaus erklärbar.

Alles nur eine Frage der Gedanken? Die moderne westliche Wissenschaft und jahrtausendealte, fernöstliche Religionen kommen immer häufiger zu denselben Ergebnissen. Für uns ist das eine hervorragende Botschaft: »Wenn wir unsere Gedanken ändern, ändern wir unsere Gesundheit, ändern wir unser ganzes Leben!« Die anfängliche »Einbildung« schafft nach einiger Zeit Realität. Allerdings in beide Richtungen. Also aufgepasst, dass Sie in keine Denkfalle tappen!

Und die gute Nachricht für alle in der Lebensmitte: Das alles funktioniert ein Leben lang! Bis zum letzten Atemzug kann unser Gehirn neue Synapsen bilden, regenerieren sich unsere Körperzellen. Ein Neuanfang ist also auch zellbiologisch jederzeit möglich.

VIER FRAGEN GEGEN FRUST

Heute hakt es irgendwie in Ihrem Leben? Dann probieren Sie doch diese Übung aus. *Sie ist simpel und wissenschaftlich belegt: Strecken Sie sich, lächeln Sie und fragen Sie sich: Überlebe ich mein Problem? Was ist verrückt daran?* Wir ändern unsere Bewegung und unsere Stimmung verändert sich. Wenn Sie das nächste Mal richtig frustriert und unglücklich sind, dann lassen Sie sich nicht hängen, sondern tun einmal etwas Verrücktes: Stehen Sie auf und strecken Sie sich! Lockern Sie Ihre Gelenke wie beim Aufwärmtraining und lächeln Sie, gerade wenn Ihnen am wenigsten danach zu Mute ist. Und jetzt stellen Sie sich folgende Fragen:

* Habe ich eine faire Chance mein Problem zu überleben?
* Was ist daran verrückt oder albern?
* Was ist gut an meinem Problem?
* Wird es in fünf Jahren noch ein Problem sein?

Wenn Sie sich schlecht fühlen, werden Sie einen inneren Widerstand während der Übung spüren.

Mein Tipp: Machen Sie es trotzdem! Ich weiß aus zahlreichen Berichten und eigener Erfahrung, dass wir gerade bei Frust keine Lust auf Bewegung und Lachen verspüren und unsere inneren Stimmen wild schreien, dass wir mit dem Unsinn sofort aufhören sollen. Und meistens gehorchen wir dann. Aber diesmal bitte nicht! Einfach weitermachen. *Es ist nur ein Spiel!*

Stellen Sie sich einen Wecker auf fünf Minuten, denn *entscheidend ist, dass Sie durchhalten, auch wenn Sie nicht sofort etwas fühlen!* Unsere Gefühle verändern sich leider nur mit Verzögerung, aber sie verändern sich. Einfach einmal ausprobieren – vielleicht überrascht Sie ja das Ergebnis!

VIII. GEFÜHLSCHAOS: WAS TUN BEI TRÜBSINN UND BURNOUT?

Wenn die Gefühle verrücktspielen und die Energie fürs Durchstarten fehlt – und wie man auch durch heftiges Gewitter fliegen kann.

> » *Verzweifle nie, wenn aber doch, so arbeite trotz deiner Verzweiflung weiter.* «
>
> EDMUND BURKE, IRISCH-BRITISCHER SCHRIFTSTELLER, STAATSPHILOSOPH UND POLITIKER

In diesem Kapitel geht es um das Phänomen, warum viele Menschen ihre schlechten Gefühle in der Lebensmitte so schwer in den Griff bekommen, wie diese dunkle Seite in unserem Gehirn entsteht und warum das manchmal sogar gut ist. Und schließlich wird erläutert, welche erforschten und in der Praxis bewährten Gegenmaßnahmen wir ergreifen können, denn gerade bei Veränderungsprozessen in der Lebensmitte haben wir häufig mit den dunklen Seiten unseres Gehirns zu tun. Es ist ein Ergebnis jahrelanger, behindernder Denkgewohnheiten.

Vorab deshalb der aus meiner Sicht wichtigste und für viele Menschen hilfreichste Punkt in Bezug auf unsere Gefühlswelt: »Erst der Gedanke – dann das Gefühl«.

ERST DER GEDANKE – DANN DAS GEFÜHL

Morgens wissen wir oft schon beim Aufwachen: Das wird ein furchtbarer Tag! Wir fühlen uns elend und uns graut vor den Aufgaben, die auf uns warten. Und am Ende des Tages werden wir sagen: Grausam. Das wusste ich doch schon heute früh im Bett.

Aber das ist falsch, denn unsere Gedanken schaffen unsere Emotionen, nicht umgekehrt. Viele Menschen leiden, weil sie diese Abfolge noch nicht erkannt haben. Es kommt immer erst der Gedanke – dann die Emotion. Wenn wir vom Gegenteil überzeugt sind, haben wir den auslösenden Gedanken lediglich bereits wieder verdrängt und vergessen.

Das elende Gefühl beim Aufwachen stammt meist daher, dass wir im Traum oder im Halbschlaf negative Gedanken gewälzt haben und unser Gehirn zum Schluss gekommen ist: Achtung, Gefahr, alles furchtbar, Hormonausschüttung aktivieren! Dann wachen wir auf, haben die Gedanken aus dem Halbschlaf bereits vergessen und wundern uns, warum wir uns so schlecht fühlen. *Deshalb sind unsere Gefühle kein Beleg dafür, dass das, was wir denken, »wahr« ist!* Unangenehme Gefühle besagen lediglich, dass das, was wir denken, unangenehm ist. Und dass wir unseren Gedanken Glauben schenken!

> » *Unsere Gefühle folgen unseren*
> *Gedanken wie die Küken der Enten-*
> *mutter.* «

Leiten wir unsere Gedanken also mit Bedacht! Vielleicht hilft es Ihnen, sich vorzustellen, dass negative Gedanken und die daraus resultierenden schlechten Gefühle eine Variante von Kopfschmerzen sind. Dagegen kann man etwas tun: Man kann die negativen Gedanken hinterfragen und auflösen. Die guten Gefühle folgen dann mit etwas Zeitverzögerung.

Viele Menschen halten Sorgen-Machen unterbewusst für sinnvolle Arbeit und wollen ihre Sorgen und Ängste gar nicht loslassen. Das würden sie zwar vehement bestreiten, psychologisch betrachtet ist es jedoch nur eine Selbstsabotage. Erst wenn Sie loslassen wollen, können Sie Ihre Gedanken verändern und sich danach langsam besser fühlen, denn:

> » *Wer loslässt, hat plötzlich beide*
> *Hände frei für Neues!* «

VOLKSKRANKHEIT TRÜBSINN

Mit den Gefühlen ist es wie mit Wasser. Wenn wir sie aufstauen, suchen sie sich früher oder später doch irgendwo ihren Weg. Und dann ist der emotionale Wasserschaden eventuell groß.

Eine gute Freundin und Apothekerin erzählte mir unlängst: »Du machst dir ja keine Vorstellung davon, was hier bei uns an Antidepressiva über den Ladentisch geht! Unmengen! Vor allem auch schon bei jungen Menschen!«

Verniedlicht gesagt ist der alte Spruch aktueller denn je: »Unter jedem Dach ein ›Ach!‹«. Bleiben Sie daher entspannt, wenn Sie die Negativität einmal wieder überfallen hat. Akzeptieren Sie es als Teil Ihrer Persönlichkeit. Es ist »nur« ein Gefühl, nicht mehr! Eine »gut gemeinte Botschaft« Ihres Unterbewusstseins. Lassen Sie den negativen Emotionen ihren Raum. Ignorieren Sie sie, wenn Sie können, reagieren Sie auf jeden Fall gelassen.

Bereits in den Achtzigerjahren warnte ein Buchtitel von Günter Scheich: *Positives Denken macht krank*. Gemeint war damals wie heute, dass wir uns unter großen Stress setzen, wenn wir ausschließlich positiv denken wollen. Wir versuchen dann, die gut gemeinten Hinweise unseres Unterbewusstseins zu unterdrücken.

Ich habe Menschen kennengelernt, die bei jedem Hauch von negativer Energie in Panik geraten und fürchten, dass sich die schlechten Gedanken augenblicklich in der Realität auswirken werden. Das ist Unsinn. Womit wir uns täglich *am meisten* beschäftigen, bestimmt die Richtung, in die sich unser Leben bewegt. Kleine Ausrutscher sind da nicht so wichtig, es kommt auf das Gesamtbild an. Es ist wie bei einem großen Fluss: Wenn da einmal ein kleiner Seitenarm quer fließt, ist das egal.

AKTIV-IMPULS

DENK-STOPP GLEICH TANK-STOPP

Wenn der Tank leer ist, fahren wir zur Tankstelle und tanken auf. Finden Sie die unangenehmen blinden Passagiere zwischen Ihren Ohren, die Ihnen den Alltag verleiden. Stoppen Sie Zeitdiebe und Miesmachergedanken, die Ihnen Lebensqualität stehlen. Tanken Sie auf!

Fragen Sie sich mehrmals am Tag: Was denke ich eigentlich gerade? Ist das hilfreich oder nicht? Ersetzen Sie behindernde Gedanken sofort durch etwas Besseres. Ihre positiven Gefühle werden folgen!

Von zu viel Alkohol bekommt man Kopfschmerzen, von zu viel negativen Gedanken schlechte Gefühle. Wenn Sie sich besser fühlen wollen, achten Sie darauf, was Sie am Tag unbewusst vor sich hindenken.

Praktizieren Sie diese Übung ein paar Wochen lang täglich. Vielleicht setzen Sie sich auf Ihrem Handy oder im Computer ein paar Termine mit Alarm zur Erinnerung oder kleben Haftzettel mit »Was denkst Du gerade?« ins Bad, an den Kühlschrank und an den Rückspiegel im Auto. Oft müssen wir erst einmal überlegen: »Ja, was denke ich eigentlich gerade?«, und sind überrascht, welch negativer Unsinn sich heimlich zwischen unseren Ohren eingenistet hat.

Finden Sie Ihre persönliche Strategie, die Ihnen gefällt und die dafür sorgt, dass Sie *mindestens zehn Mal am Tag Ihre unbewussten Gedanken kontrollieren*. Diese Variation der Gedankenhygiene führt dazu, dass wir seltener negativ denken und demzufolge auch weniger Hormone produzieren, die uns schlechte Gefühle bringen.　● ● ● ●

DAS TÄGLICHE GEDANKENGIFT

Da hat man einen großartigen Vortrag gehört, ein geniales Wochenend-Seminar besucht und fühlt sich so richtig toll: »Ja! Die Welt gehört mir, ich bin hoch motiviert und gut drauf. Ich kann alles schaffen, was ich will.«

Und dann kommt der Alltag: Montag regnet es, alle im Büro sind schlecht gelaunt, bei der Chefin ist Vorsicht angesagt und der Hund hat Durchfall. Zwei grantelnde Kunden am Telefon, abends dann noch Mahnungen im Briefkasten und ein Nachbar, der zu laut Musik hört – und schon ist es passiert: Die Euphorie vom Erfolgsseminar ist dahin. Man fühlt sich wie ein schlaffer Luftballon. Die motivierende Frühlingsluft des Seminars ist nach wenigen Tagen verflogen, der Alltagsblues regiert wieder.

Der nächste Tag ist dann einer, an dem man am liebsten im Bett bliebe. Unausgeschlafen torkelt man trotzdem los, aber selbst Kleinigkeiten bringen einen an solchen Tagen an den Rand der Verzweiflung. Wir können nicht richtig denken, machen uns Vorwürfe und fühlen uns klein und schwach.

> *» Ich freue mich, wenn es regnet,*
> *denn wenn ich mich nicht freue,*
> *regnet es auch. «*

KARL VALENTIN, SCHAUSPIELER UND HUMORIST

Jeder kennt diese Phasen von Selbstzweifel und Schwermut. Warum tut uns Mutter Natur oder vielmehr unser Gehirn das an? Stefan Klein beschreibt in seinem Buch *Die Glücksformel* eindrucksvoll, wie sinnvoll dieses unangenehme Programm unseres Gehirns sein kann: Wenn wir ein erhofftes Ziel nicht erreicht, etwas oder jemanden verloren haben, reagiert unser Organismus mit Trauer. Da Mutter Natur sehr energiebewusst ist, heißt dies übersetzt: »*Stopp! Alarmstufe Gelb. Das hat nicht funktioniert, da kann man offenbar nichts machen. Zeit für eine Zwischenbilanz, sinnloses Verhalten bitte sofort einstellen. Nachdenken, Strategie überprüfen und notfalls ändern.*«

Im Idealfall gehen wir aus diesen Phasen der Zwangsruhe gestärkt hervor. Mit etwas Abstand sehen wir klarer und können besser auf die neuen Umweltbedingungen reagieren. Das ist jedenfalls die Absicht unseres Körpers. Allerdings gibt es da einen Haken: Das Programm gerät gern einmal außer Kontrolle.

TEUFELSKREIS TRÜBSINN

Eine schwere Depression, neudeutsch ein massiver Burnout, sollte medizinisch behandelt werden. Je schneller, desto besser, denn negative Gefühle verändern unser Gehirn und können beträchtlichen Schaden anrichten. Das ist wie bei einer verschleppten Erkältung. Wer nicht aufpasst, liegt plötzlich mit 40 Grad Fieber und einer Lungenentzündung im Bett.

Depression ist ähnlich weit verbreitet wie Grippe und Bluthochdruck. Jeder Achte ist irgendwann in seinem Leben davon betroffen. Das sind mehr als zehn Millionen Menschen allein in Deutschland. Frühzeitig behandelt, ist die Heilungsquote erfreulicherweise sehr hoch. 80 Prozent der Betroffenen sind anschließend so ausgeglichen und leistungsfähig wie zuvor.

In diesem Kapitel geht es lediglich um Trübsinn, Trübsal oder die alltägliche Niedergeschlagenheit. Nach aktuellem Stand der Wissenschaft ist das ein der Depression sehr verwandtes Phänomen. Schuld an beidem ist wieder einmal unser so herrlich wandlungsfähiges Gehirn. Wir können noch mit 80 japanisch lernen, jedoch zu jeder Zeit auch das Unglücklichsein.

UNGLÜCK BLITZSCHNELL SELBST GEMACHT

Es ist so verblüffend einfach, uns gezielt in einen Zustand von Niedergeschlagenheit und Trübsal zu manipulieren. Das haben die Londoner Hirnforscher Chris Frith und Raymond Dolan eindrucksvoll nachgewiesen. Sie gaben ihren Versuchspersonen einfach negative Sätze zu lesen und spielten dazu traurige, schwermütige Musik. Mit Sätzen wie »Das Leben ist nicht lebenswert« und den Klängen von Sergej Prokofjews »Russland unter dem Joch der Mongolen« gelang die verblüffende Verwandlung innerhalb kurzer Zeit.

Die Stimmung der Probanden sank rapide. Sie klagten über Unlustgefühle und das Phänomen sich wertlos zu fühlen. Und diese Aussagen konnten die Forscher sogar medizinisch nachweisen. Ihre Hirnaktivität war vergleichbar mit den Mustern von Menschen, die wegen ihrer Depressionen in klinischer Behandlung waren.

Glücklicherweise verschwanden die Symptome bei den Teilnehmern des Experiments rasch wieder. Die faszinierende Erkenntnis daraus: Trübsinn im Alltag unterscheidet sich in Bezug auf die Art der Gefühle kaum von einer krankhaften Depression. Der große Vorteil hingegen besteht darin, dass er vorübergeht. Jedenfalls, wenn alles nach Plan läuft.

VIER GLÜCKSFRAGEN AM MORGEN

Drei Minuten Zähneputzen können endlos sein, werden aber von Zahnärzten empfohlen. Wenn Sie sich dabei einige Erfolgsfragen stellen, wird es deutlich abwechslungsreicher und Sie strukturieren ganz nebenbei Ihren gesamten Tag. Mehr Effizienz geht nicht!

* Was kann ich tun, um den Tag zu einem großartigen Tag zu machen?
* Was sind heute meine beiden wichtigsten Aufgaben?
* Worauf kann ich gerade besonders stolz sein?
* Wofür kann ich in meinem Leben dankbar sein?

EIN ALTES HILFSPROGRAMM ALS SABOTEUR

So nützlich dieses Selbstreflexions-Programm »Trübsinn« auch ist, nach einem schweren Schock oder einer länger andauernden gefühlten Hilflosigkeit in einer Jobsituation oder Partnerschaft kann es leicht außer Kontrolle geraten.

Unsere Gefühlslage hat einen faszinierend großen Einfluss auf unsere Wahrnehmung. Auch das kann man im Versuchslabor nachweisen: Menschen, die ohnehin schon niedergeschlagen sind, verstehen negative Sätze wie »Alles ist furchtbar, die Zukunft sieht düster aus« einfach viel besser als die positive Alternative. Außerdem behalten sie negative Aussagen auch besser. Sie verstärken also unbewusst ihre miese Stimmung!

Das liegt daran, dass unser Gehirn stets nach Beweisen für etwas sucht, von dem wir überzeugt sind und das für unser Leben von großer Bedeutung erscheint. Der Rest wird einfach ausgeblendet. Auch hier spricht wieder der Energiesparer in unserem Körper. Datenverarbeitung ist anstrengend.

SELEKTIVE WAHRNEHMUNG IM ALLTAG

Stellen Sie sich vor, Sie kommen zu einem meiner Seminare, und ich frage Sie, wie viele rote Autos Sie auf dem Weg dorthin gesehen haben. Werden Sie mir die Frage beantworten können? Wahrscheinlich nicht. Wenn ich Ihnen dann für den morgigen Tag für jedes Autokennzeichen eines roten Wagens einen 50-Euro-Schein zusage, wie viele rote Autos werden Sie dann auf dem Heimweg sehen?

Ihre Freundin ist schwanger und plötzlich nehmen Sie überall Frauen mit dicken Bäuchen und Maxi-Cosis wahr? Sie wollen sich ein schickes Mercedes-Sportcoupé in Schwarzmetallic zulegen und sehen dieses Modell daraufhin ständig auf der Straße? Vorher haben Sie die nie bemerkt? Waren die nicht da oder hat unser Gehirn diese Informationen vielleicht einfach als überflüssig ausgeblendet? Die größten Erfolge erzielen Klienten oft mit nur kleinen Veränderungen des Blickwinkels.

UNSER GEHIRN: 400 MILLIARDEN BITS PRO SEKUNDE!

Die moderne Gehirnforschung kann mittlerweile ziemlich genau messen, wie viele Sinnesreize in jeder Sekunde auf uns niederprasseln. Auf unseren Verstand und vor allem auf unser Unterbewusstsein. Die Zahlen sind einfach gigantisch. In jeder Sekunde strömen über unsere fünf Sinne etwa 400 Milliarden Bits an Informationen auf uns ein.

Während Sie diese Zeilen lesen, registrieren die Millionen von Nerven-Enden in Ihrer Haut die Raumtemperatur, sie riechen Ihr Deo ebenso wie die frischen Blumen auf dem Tisch oder den Kaffee in der Küche. Sie registrieren das Summen des Kühlschranks, Straßengeräusche, ein Flugzeug in der Ferne, eine Fliege am Fenster. Sie spüren den Druck Ihrer Brille auf der Nase, die Stuhllehne in Ihrem Rücken.

Sie lesen zwar die einzelnen Worte dieses Textes, im Augenwinkel analysiert Ihr Unterbewusstsein jedoch permanent die Umgebung. Sollte sich irgendwo etwas Gefährliches bewegen, vielleicht eine Wespe, werden Sie sofort darüber informiert. Können Sie sich nun in etwa vorstellen, was wir alles so »nebenbei« wahrnehmen?

Jetzt kommt allerdings das Problem für unser Gehirn. Es ist riesig: *Auch der schärfste Verstand eines Albert Einsteins kann nur rund 2 000 Bits pro Sekunde verarbeiten. Im Vergleich zu den 400 Milliarden Bits, die pro Sekunde ankommen, ist das nicht besonders viel.* Wenn unser Gehirn nun Ordnung in dieses Chaos bringen will, muss es »eine Menge dieser zusätzlichen Informationen loswerden«, wie es der Neurowissenschaftler Andrew Newberg ausdrückt.

Wie viel sind 400 Milliarden minus 2 000? Das ist die Zahl, die jede Sekunde in unseren mentalen Abfalleimer wandert. Der Rest ist unsere angebliche »Realität«. Entscheiden Sie selbst, ob das seriös als »Realität« zu bezeichnen ist oder vielleicht doch eher eine höchst subjektive Interpretation darstellt, die man verändern kann …

» *99 Prozent unserer Umwelt bekommen
wir gar nicht bewusst mit.* «

Mit anderen Worten: Alles hängt davon ab, welche 2 000 Bits Ihr Gehirn aus dem riesigen Ozean an Informationen für Ihren Verstand herausfischt. Welche werden vom Unterbewusstsein unterschlagen? Vieles verarbeiten unsere »niederen Gehirnteile« vollkommen eigenständig. Unser Verstand wird vorab nicht einmal informiert.

Hier wird deutlich, dass die Vernunft oft nicht die Regierung in unserem Kopf bildet, sondern eher den »Regierungssprecher« wie es Eckart von Hirschhausen formuliert. Unser Verstand erfährt nur das Notwendigste und muss unser Verhalten dann anschließend irgendwie wortreich erklären. Deshalb fahren Männer zum Beispiel PS-starke Sportwagen (angeblich nur aus Sicherheitsgründen) und Frauen können logisch nachweisen, warum fünf Dutzend Paar Schuhe im Schrank ein absolut notwendiges Minimum sind.

Wenn sich unser Unterbewusstsein jedoch irrt und wichtige Informationen aussortiert, entwickeln wir zum Beispiel Verhaltensmuster, die uns nicht guttun. Wir suchen unbewusst Chaos oder Schulden, haben Panik vor ungefährlichen Spinnen oder Platzangst in Fahrstühlen und wissen nicht, warum.

NEGATIVES DENKEN ALS GEFÄHRLICHES LERNPROGRAMM

Was bei diesen Beispielen vielleicht nur faszinierend oder lustig anmutet, wird zum Problem, sobald wir die Welt dauerhaft durch eine dunkle Brille sehen und uns in Lebenskrisen alt, hilflos und ohnmächtig fühlen. Auch dann wird unser Gehirn alles daransetzen, um uns Recht zu geben.

Je länger wir davon überzeugt sind, dass wir keine Chance mehr auf dem Arbeits- oder Heiratsmarkt haben, umso mehr Bestätigungen wird unser Verstand aus der Flut an Informationen herausfiltern. Mit dem Ergebnis: »Siehst Du, ich hab's doch gleich gewusst. Es geht eben nicht!«

WILLKÜRLICH GUTES TUN – FÜR GUTE GEFÜHLE!

Wissenschaftler haben herausgefunden, dass Nächstenliebe und Fürsorge biologisch vorteilhaft und somit tief verankert sind. Vielleicht ist dies der Grund für den verblüffenden Effekt dieser Übung:

Ein kleines liegengelassenes Geldstück macht andere glücklich – und Sie selbst auch!

Sammeln Sie ein paar kleine Geldstücke in der Jackentasche, vielleicht holen Sie sich sogar in der Wechselstube ein paar Ein-Dollar-Noten (umgerechnet weniger als 80 Euro-Cent) und dann lassen Sie irgendwo eine Münze oder den Geldschein liegen.

Für den Alltag reicht auch ein Glücks-Cent vollkommen aus. Wo auch immer es Ihnen gefällt, ob auf der Straße oder beim Bäcker, in der U-Bahn oder am Arbeitsplatz.

Stellen Sie sich vor, wie jemand das Geld findet und wie er oder sie sich darüber freut. Glück kommt häufig unverhofft.

Dieser Aktiv-Impuls erhöht die Achtsamkeit für das eigene Leben und die eigene Welt. Sie bekommen wesentlich mehr Lebenszufriedenheit zurück, als wenn Sie das Geld in ein paar Süßigkeiten oder ein Bier in der Kneipe investiert hätten.

GUTE FANTASIE – BÖSE FANTASIE

Alles im Leben hat seinen Preis. So auch unsere Kreativität. Wenn Sie oft mit Selbstzweifeln und Zukunftsängsten zu kämpfen haben, habe ich eine erfreuliche Botschaft: In Ihnen steckt die Fähigkeit, Großes zu erreichen!

Wissenschaftliche Untersuchungen und empirische Aufzeichnungen internationaler Experten haben gleichermaßen gezeigt: Menschen mit großen Ängsten, voller Zweifel und mit geringem Selbstwertgefühl sind sehr häufig überdurchschnittlich intelligent, sehr kreativ und voller Fantasie. Gleichzeitig denken Sie detailorientiert und analytisch.

Leider nutzen diese Menschen ihre kostbaren Fähigkeiten häufig vollkommen falsch, denn in ihrer Fantasie malen sie sich detailliert aus, »was alles Schreckliches passieren könnte«. Sie analysieren automatisch überall Risiken und beschaffen sich somit gleich selbst die »Beweise« für ihre Ängste und Selbstzweifel.

Unser Gehirn gibt sich bereits mit diesen kreativen Vorstellungen zufrieden, aktiviert seine Überlebensprogramme und bereitet uns auf vermeintlich real existierende Gefahren vor. Obwohl die Probleme nur in unserer Fantasie existieren! Einfache, weniger begabte Menschen sehen mögliche Probleme und Risiken oft gar nicht. Sie gehen einfach los – und haben Erfolg.

KREATIVITÄT – EIN GEHIRN SPIELT VERRÜCKT

Eigentlich sind die Voraussetzungen für kreative Menschen voller Selbstzweifel also ziemlich gut. Sie müssen nur verstehen wie sie ihre Fähigkeiten besser nutzen. Dann haben sie einen riesigen Vorsprung!

Wie setzt man dieses Potenzial bei Veränderungsprozessen ein? Ein Kind, das sich langweilt, kommt auf dumme Gedanken und probiert, allein gelassen im Wohnzimmer, alles Mögliche und Unmögliche aus. Die Kerzen und der Kaminanzünder sind einfach unwiderstehlich und kurze Zeit später steht das Haus in Brand. Es sei denn, die Eltern passen auf. Ähnlich ist es mit unserem Gehirn: Wenn wir es nicht kontrolliert fordern, beschäftigt es sich mit sich selbst und denkt sich den Unsinn aus, der unser Leben behindern kann. Deshalb ist der *Boreout* (jahrelange Unterforderung) ähnlich gefährlich wie der bekannte *Burnout*. Beides sind Facetten von Lebenskrisen. Das ist der Preis, den wir für unsere Intelligenz zahlen. Unser Gehirn beschäftigt sich überwiegend mit sich selbst und – wenn man die nackten Zahlen vergleicht – recht wenig mit der Umwelt. Neurowissenschaftler wie der Bremer Forscher Gerhard Roth schätzen, dass in unserem komplexen Nervensystem auf jedes Signal von außen mehrere Millionen (!) Impulse von innen kommen. Das muss so sein, damit wir auf ein und denselben Umweltreiz unterschiedlich reagieren können – sonst wären wir ja nur Marionetten.

> » *Eins zu einer Million Impulse –*
> *unser Gehirn beschäftigt sich*
> *überwiegend mit sich selbst!* «

Wenn wir uns wissenschaftlich gesehen im Kopf also überwiegend mit uns selbst beschäftigen, dann heißt das auch: Unsere Gefühle und Empfindungen sind zum größten Teil hausgemacht und keine unumstößliche Realität. Und mehr noch: Wenn wir uns das nächste Mal über die Chefin, den Partner oder die unfreundliche Kassiererin im Supermarkt ärgern – wer ist dann schuld an unseren Gefühlen? Die eine läuft bei 100 E-Mails pro Tag zur Höchstform auf, der andere fühlt sich maßlos überfordert. – Wer ist jetzt schuld? Die E-Mails?

Ob wir uns im Büro, in der Schule oder in der neuen Wohnung wohl fühlen, liegt in erster Linie an unserer inneren Einstellung und weniger an unserer Umwelt. Auf diesen Erkenntnissen basiert die moderne Psychotherapie und vor allem die Verhaltenstherapie. Wir können lernen, auf ein und dieselbe Situation mit anderen Emotionen zu reagieren. Ob Spinnenphobie, Platz- oder Redeangst – die Heilungschancen stehen sehr gut!

Zurück zum Alltag: Diese wissenschaftlichen Erkenntnisse können auch gesunde Menschen bei Veränderungen in der Lebensmitte gezielt für sich nutzen.

Deprimiert fühlen wir uns, wenn unser Gehirn zu passiv ist. Deshalb ist die gewohnte Reaktion bei Trübsal auch kontraproduktiv. Decke über den Kopf, zurück ins Bett. Wichtig ist jedoch, dass wir aktiv bleiben, trotz allem unsere Kreativität nutzen und unser Leben verbessern können. Da wir gerade in Phasen der Melancholie gegen starke innere Blockaden kämpfen müssen, kann es hilfreich sein, die Bollwerke der Unlust zu umgehen statt sie zu bekämpfen. Als effektiv hat sich dabei ein spielerischer Umgang erwiesen.

SPIELERISCH INTELLIGENZ UND WOHLBEFINDEN STEIGERN

> *» Der Gegner im eigenen Kopf ist viel schlimmer als der Gegner auf der anderen Seite des Netzes. «*
> TIMOTHY GALLWEY, COACH UND TENNISSPIELER

Unsere Gedanken bestimmen unsere Wahrnehmung, unsere Gefühle und darüber auch unsere Realität. Das ist nicht nur empirische Glaubenssache, sondern dafür gibt es auch zahlreiche wissenschaftliche Belege. In ihrem Buch *Mindfulness* beschreibt die Harvard-Professorin Ellen Jane Langer ein verblüffendes Experiment: Kann ein einfaches, auf den ersten Blick absurdes Spiel Leben verlängern und glücklich machen? Das Experiment ging folgendermaßen:

75-jährige Männer aus Altersheimen wurden für eine Woche zu einem Ausflug aufs Land eingeladen. Langer bildete drei Gruppen.

Die *erste Gruppe* bekam praktisch einen Urlaub auf dem Land mit Aufgabenteilung. Sie sollten sich erholen und mussten leichte Tätigkeiten ausführen, wie Tische abräumen oder abwaschen.

Die *zweite Gruppe* kam in dieselbe Umgebung, diesmal war jedoch das Anwesen komplett anders eingerichtet. Wie ein Haus aus den Fünfzigerjahren, der Zeit also, als die Männer noch jung waren. Aus den Lautsprechern ertönte Musik von damals, auf den Tischen lagen Zeitschriften aus der Zeit mit Präsident Eisenhower auf dem Titel. Gesprächsstoff über die »gute alte Zeit« für die Altersheimbewohner.

Bei der *dritten Gruppe* ging Langer noch einen entscheidenden Schritt weiter: Diesmal war das Haus nicht nur eingerichtet wie in den Fünfzigerjahren, die Männer wurden auch gebeten, so zu tun, als seien sie gerade wirklich in den Fünfzigerjahren!

Sie redeten über den »aktuellen Präsidenten Eisenhower« und sprachen über ihre Arbeit, als ob sie nie in Rente gegangen wären. Alles nur ein Spiel – allerdings mit Konsequenzen: Die Männer in der ersten Gruppe waren nach der Woche auf dem Land selbstbewusster und zufriedener. Nicht wirklich überraschend. Landurlaub tut gut. Gruppe zwei ging es noch besser, allerdings richtig verblüffend waren die Ergebnisse der dritten Gruppe: *Der Intelligenz-Quotient der Männer war anschließend höher als vor dem »Trip in die Fünfziger«.* Eine Sensation, wenn man bedenkt, dass Intelligenz im Alter angeblich abnimmt. Die Männer sahen im Schnitt drei Jahre jünger aus, ihre persönliche Wahrscheinlichkeit, nach drei Jahren noch zu leben, war um 30 Prozent gestiegen. Nach einer Woche Spiel!

Was bedeutet dieses Experiment für uns und unseren Alltag? Wir können unsere Gedanken steuern – und dadurch unsere Lebenssituation rasch verbessern. Nicht nur psychisch, sondern auch körperlich! Selbst wenn wir zu Beginn nicht daran glauben, dass es eine Alternative für uns gibt, sondern nur »so tun, als ob«.

● ● ● ● ● ● ● ● ● ●   AKTIV-IMPULS

SPIELEN SIE EINE ANDERE REALITÄT!

Keine Sorge, niemand soll wie die 75-jährigen Männer in der Vergangenheit leben. Sie können jedoch die spielerische Vorstellung einer positiven Alternative gewinnbringend für Ihr Leben nutzen.

»Ich weiß, dass mein Job mir keinen Spaß macht und meine Chefin furchtbar ist. Aber ich tue trotzdem einfach so, als wenn ich begeistert und zufrieden wäre.«

Machen Sie das mal eine ganze Woche lang. Und bitte mit ganzem Herzen und Spaß, wie es sich für ein lustiges Spiel gehört. Einfach nur so. Vielleicht sind Sie ja anschließend überrascht?

Diese Strategie ist eine oft verblüffende Alternative für Menschen, bei denen positive Affirmationen aufgrund von inneren Blockaden nicht funktionieren. Denn es ist ja nur ein kindliches Spiel!   ● ● ●

Gibt es sie also, die *eine* Realität oder ist unsere persönliche Wahrnehmung unsere Wirklichkeit? Entscheiden Sie das individuell für sich selbst! Vielleicht hilft es Ihnen beim nächsten Mal, wenn Sie denken, Sie könnten an einer verfahrenen Situation nichts ändern.

In jeder größeren Krise ist die Situation für Menschen deshalb so unerträglich, weil sie davon überzeugt sind, dass sie nichts daran ändern können. Sie haben bereits »alles« versucht und es geht eben nicht. Interessant sind in diesem Zusammenhang zwei Experimente, die unsere vermeintliche Realität hinterfragen. Das erste Experiment ist ein Tierversuch:

Der Barsch und die Glasscheibe

Ein Aquarium wird mit einer Glasscheibe in zwei abgeschlossene Bereiche geteilt. In den einen Teil wird ein Raubfisch, vielleicht ein Barsch, hineingesetzt, und in den anderen ein leckeres Beutetier, zum Beispiel ein kleiner Hering. Mit Begeisterung wird der Barsch sofort versuchen, sich auf den Hering zu stürzen und ihn zu vertilgen. Er schafft es jedoch nur bis zur Scheibe, dann prellt er sich sehr schmerzhaft das Maul. Benommen wird er zurücktaumeln und die Unterwasserwelt nicht mehr verstehen. Aber dann versucht er es noch einmal – und stößt sich wieder den Kopf. Er versucht es wieder und wieder, bis er irgendwann eine im wahrsten Sinne schmerzhafte Lektion gelernt hat: Wenn ich versuche, mich auf diesen Hering zu stürzen, bekomme ich schlimme Kopfschmerzen und mein Magen bleibt leer. Dieser Hering ist keine Beute für mich!

Und dann geht das Experiment in die zweite Phase. Die gläserne Trennscheibe wird entfernt. Jetzt schwimmt das Beutetier schutzlos vor dem Barsch und dieser könnte es mit einem einzigen Biss verschlingen. Tut er aber nicht! Der Hering schwimmt kreuz und quer, auch direkt vor dem Maul des Barsches – und dieser krümmt ihm keine Schuppe!

Das Zauberwort heißt: erlernte Hilflosigkeit. Das Barschgehirn hat aus seiner schmerzhaften Glasscheiben-Lektion eine Lebensregel formuliert, die der Barsch fortan nicht mehr hinterfragt. Mit großer Wahrscheinlichkeit würde er sogar im Angesicht der lebensrettenden Beute verhungern. Ist eben nur ein Fisch, oder? Aber sind wir Menschen wirklich so viel cleverer?

Hängt unser Lebensglück, die Zufriedenheit in der Mitte unseres Lebens, von den *äußeren Umständen* ab – oder ist es doch entscheidender, wie wir unsere Situation und unsere Gestaltungsmöglichkeiten im Leben *einschätzen und bewerten*?

Um dies zu untersuchen, setzten Wissenschaftler Menschen in Experimenten furchtbarem Lärm aus. Ihnen gilt mein Mitgefühl, ich wohne mitten in Berlin und weiß, wie nervig Lärm sein kann.

Die erste Versuchsgruppe hatte Glück: Sie konnte den ohrenbetäubenden Lärm mithilfe eines Knopfdrucks abstellen. Die zweite Gruppe hingegen war dem Krach machtlos ausgeliefert. Dann begann der entscheidende zweite Teil des Experiments: Einzeln nacheinander wurden die Versuchspersonen in einen neuen Raum geführt. Hier herrschte wieder entsetzlicher Lärm, der jedoch recht einfach abgestellt werden konnte. Durch Umlegen eines Hebels.

Die Voraussetzungen waren diesmal für beide Versuchsgruppen gleich. Dennoch passierte etwas Verblüffendes: Nur die Personen aus der ersten Versuchsgruppe, die schon zuvor den Krach mit einem Knopfdruck abstellen konnten, fanden die Lösung. Die Teilnehmer von Gruppe zwei ergaben sich ohne Gegenwehr ihrem vermeintlichen Schicksal. Sie ertrugen den Lärm ohne auch nur zu versuchen, den Hebel umzulegen.[9] Der Barsch aus dem ersten Experiment lässt grüßen!

Und es kommt noch schlimmer: Die Menschen aus der zweiten Versuchsgruppe wurden anschließend zum Spielen aufgefordert. Auch hier verhielten sie sich passiv und unternahmen keinen Versuch zu gewinnen. Sogar einfache Worträtsel fielen ihnen schwerer als der Kontrollgruppe, die zuvor erfah-

---

9 Vgl. Stefan Klein: *Die Glücksformel*, Reinbek bei Hamburg 2003

ren hatte, dass man durch zielgerichtete eigene Aktivität (Knopf-drücken) sein Leben nachhaltig verbessern kann.

Wie steht es mit uns? Was halten wir in unserem Leben für un-abänderlich? Und ist es das wirklich oder spielen wir nur Barsch oder Versuchsperson? Können wir sicher sein, dass wir macht-los sind? Können wir ausschließen, dass es eine Lösung gibt, die wir nur noch nicht erkannt haben, nur weil wir es für ausge-schlossen halten, dass es sie gibt?

Stellen Sie sich vor, Sie machen Winterurlaub in einer male-risch verschneiten Berghütte. Beim Abendspaziergang kommt plötzlich ein Schneesturm auf. Sie können kaum Ihre Hand vor Augen erkennen und irren orientierungslos umher. Nach kur-zer Zeit fühlen Sie sich hilflos und sind fest davon überzeugt, dass Sie sich bereits kilometerweit von der rettenden Berghütte entfernt haben. Und doch stehen Sie vielleicht nur wenige Meter von der Eingangstür entfernt. Sie bräuchten nur einen Schritt nach rechts zu machen, die Hand ausstrecken und wären wieder in der wohligen Wärme. Aber was ist, wenn Sie auf diesen »absurden« Gedanken gar nicht erst kommen?

Wie können wir diese Experimente und Gedankenreisen auf unseren Büroalltag oder unsere Beziehung übertragen? Unser Gehirn möchte, dass wir Recht haben und Recht behalten. Je nach unseren Grundüberzeugungen sorgt es dafür, dass wir aus unserer Umgebung die Informationen heraussuchen, die zu unserer Gefühlslage passen. Auch wenn die negativ ist! Da-durch manifestieren wir nach und nach unser eigenes gefühltes Elend. Wenn wir davon überzeugt sind, dass die Welt schlecht und böse ist, dann werden bevorzugt passende Katastrophen-meldungen herausgefiltert. Das ist gezielte Gehirnarbeit – und aktive Selbstsabotage.

Unsere Fantasie und Vorstellungskraft wendet sich mitunter gezielt gegen uns. Stressforscher Robert Sapolsky erklärt es so:

Die Großhirnrinde denkt einen abstrakten negativen Gedanken und schafft es tatsächlich, das übrige Gehirn davon zu überzeugen, dass dieser reine Gedanke gefährliche Realität ist. Das ist die dunkle Seite unserer Fantasie.

» Allein die Tatsache, dass wir uns Unglück und Hilflosigkeit vorstellen können, macht uns mitunter schon unglücklich. «

Die Volksseuche Trübsinn, gefühlte Hilflosigkeit und »Sorgenmachen« ist somit der Preis, den wir Menschen für unsere Kreativität und Intelligenz zahlen.

Was bedeutet dies für das Durchstarten in der Lebensmitte? Jahrelange gefühlte Hilflosigkeit ist nichts anderes als ein mühsam erlerntes, negatives biologisches Programm und kein Naturgesetz. Es ist das Ergebnis von falschen, negativen Gedanken. Gefühlter Dauerstress, Existenzängste, aber auch chronische Langeweile und Mutlosigkeit, also alle negativen Gefühle, die wir empfinden können, sind mit hoher Wahrscheinlichkeit Auswirkungen von behindernden Abläufen in unserem Gehirn und keinesfalls unverrückbare Realität. Das Gefühl folgt den Gedanken – nicht umgekehrt!

Indem wir unsere Gedanken beeinflussen, verändern wir unsere Gefühle, unsere ganz persönliche Interpretation unserer Lebensumstände, und dadurch können wir mit gezielten Praxisschritten auch unsere Lebenswirklichkeit verändern. Bewährt hat sich in vielen Fällen eine auch wissenschaftlich erprobte Doppelstrategie: Bewegung für Gehirn und Körper sowie eine Änderung des Blickwinkels, eine Perspektivänderung.

GUTE LAUNE ESSEN

Ein Wort zum Thema Hormone in der Lebensmitte – ja meine Herren, auch wir sind in diesem Alter betroffen – unser Körper wird ebenfalls fleißig umgebaut. Oft fällt der Serotonin-Spiegel ab – das macht unglücklich. Im Zweifelsfall kann ein Mediziner einen Hormonstatus erstellen und unter Umständen mit einer kleinen Tablette – aber auch homöopathisch pflanzlich – große Gefühlsschwankungen und anderweitige Probleme beheben. Fragen Sie Ihren Arzt oder Apotheker. Außerdem ganz banal für den Hausgebrauch: Serotonin oder Tryptophan, das vom Körper in Serotonin umgewandelt wird, kann man essen. Ernährungswissenschaftler empfehlen Eier (beeindruckende 180 Milligramm Tryptophan!), Cashewnüsse und Bananen.

Die Banane ist dreimal so nahrhaft wie ein Apfel und strotzt vor Nervenvitaminen und Ballaststoffen. Entgegen des Vorurteils stopft sie nicht und macht auch nicht dick. In der Banane steckt reichlich Serotonin und durch den Kohlenhydrat-Anteil gelangt auch mehr Tryptophan ins Gehirn. Aus Sicht von Ernährungsexperten ist die Banane eine leckere Stimmungskanone.

AKTIV AUS TRÜBSAL UND OHNMACHT

Ich möchte es an dieser Stelle bewusst wiederholen: Die effektivsten Erfolgsregeln erscheinen oft so simpel, gerade deshalb setzen viele Menschen sie nicht um. Weil sie diese »nicht für voll« nehmen. »Weil das doch nicht so einfach sein kann!« Dies gilt auch für die Wege aus Depression und Niedergeschlagenheit. Es ist sicher gut, nach dem Tod eines Familienmitgliedes einige Wochen zu trauern, die negativen Gefühle zuzulassen und die schwierige Situation zu verarbeiten.

Eine fristlose Kündigung kann längere Zeit zu einer Schock-starre führen und das ist auch vollkommen in Ordnung. Bei zu viel Stress verlangt unser Körper nach Rückzug. Gefühle, die diesen schmerzhaften Prozess der Besinnung, der inneren Bilanz begleiten, sind: Trauer, Müdigkeit, Unlust, Verunsicherung und Angst. Diesen Gefühlen nachzugeben und Anstrengungen zu vermeiden ist für eine zeitlang klug und sinnvoll. Man sammelt neue Kräfte um dann mit Anlauf aus dem Gefühlsloch zu entkommen.

Gefährlich wird es, wenn sich die trübe Stimmung bereits verselbstständigt hat. Wir bedauern uns selbst, sind vom Nichtstun und vom Sorgenmachen schon müde. Wir fühlen uns antriebslos und schlapp und kommen vor lauter Unlust nur in Zeitlupe aus dem Bett. Wenn überhaupt.

> » *Achtung! Wenn sich trübe Stimmung*
> *länger verselbstständigt, wird unser*
> *Gehirn umgebaut!* «

Dann benötigen wir Selbstdisziplin, einen guten Mentor und ehrliche Freunde, die uns die Augen öffnen: Sich selbst zu bedauern und Passivität sind kein Rezept gegen schlechte Stimmung. Im Gegenteil! Unser flexibles Gehirn beginnt bereits nach kurzer Zeit mit dem Umbau ganzer Nervenkomplexe – und wir machen unser Elend nur noch schlimmer. Wie können wir das ändern?

VON GEHIRN- UND BEINMUSKELN

Nachdem ich mir im Jahr 2 000 den rechten Knöchel angebrochen hatte, wurde mein Bein sofort bis zum Knie eingegipst und ich durfte wochenlang nicht auftreten. Sicher hatte ich bereits vorher gewusst, dass sich Muskeln rasch zurückentwickeln. Doch so etwas vom Verstand her zu erwarten und es am eigenen Körper zu fühlen und zu sehen ist noch einmal etwas grundsätzlich anderes. Nach nur sechs Wochen war meine rechte Wade dünner als mein Unterarm und der Muskel schlackerte schlaff unter der Haut. Auf den ersten Blick sah es so aus, als habe sich da jemand einen Scherz erlaubt und mir ein falsches Bein angeschraubt.

Die ersten Schritte waren sehr wackelig und mühsam. Frust und Schmerz waren beim Treppensteigen treue Begleiter. Und ich hatte zu Beginn absolut keine Lust die lächerlichen und doch so anstrengenden Aufbauübungen zu machen. Ich fühlte mich miserabel. Aber nachdem ich meine Anfangs-Widerstände niedergerungen hatte, konnte ich den Muskelschwund im Fitness-Center rasch rückgängig machen. Das machte zwar keinen Spaß und die Physiotherapie war zwischendurch sogar recht schmerzhaft, doch nach zwei Monaten waren meine beiden Wadenmuskeln bereits wieder gleich stark.

Genauso ist es mit unserem Gehirn-»Muskel«! Nach längerer Niedergeschlagenheit müssen wir uns erst wieder daran gewöhnen, aktiv tätig zu sein. Dabei hilft jede Beschäftigung gegen Trübsal, weil das Gehirn überall involviert ist. Und es gibt noch einen Vorteil: So flexibel und anpassungsfähig unser Gehirn auch ist, in einem Bereich gibt es erfreulicherweise klare Grenzen:

Wir können nur einen Gedanken gleichzeitig denken! Niemand kann zugleich herzhaft lachen und unglücklich sein. Das ist biologisch unmöglich. Wenn wir also etwas tun, und sei es nur Staubsaugen oder Aufräumen, fordern wir unser Gehirn und es hat weniger Gelegenheit, negative Gedanken zu erzeugen und schlechte Gefühle zu produzieren. Besonders nützlich ist es in diesen Aufbauphasen, sich Ziele zu setzen, jedoch Überforderung zu vermeiden. Die Leistungsfähigkeit der grauen Zellen baut sich erst langsam wieder auf. Eine Parallele zum verkümmerten Wadenmuskel.

Diese »Strategie der kleinen Schritte« ist gerade in schlechten Lebensphasen so wichtig, weil wir dadurch gezielt die linke Stirnhälfte unseres Gehirns aktivieren. Sie ist für Ziele zuständig und kontrolliert gleichzeitig unsere negativen Emotionen.

● ● ● ● ● ● ● ● ● ● AKTIV-IMPULS

SPORT ALS MUSKELTRAINING FÜRS GEHIRN

Gerade bei Veränderungen in der Lebensmitte ist Sport aus zwei Gründen besonders wichtig: Erstens können wir uns mit der richtigen Strategie kleine und klare Ziele setzen und damit Erfolgserlebnisse produzieren. Zweitens wirkt Sport auch ganz unmittelbar auf unser Gehirn. Er sorgt dafür, dass vermehrt der Botenstoff Serotonin freigesetzt wird.

Regelmäßiges Ausdauertraining (dreimal pro Woche) ist genauso wirksam wie die momentan besten Medikamente.[10]

Neurowissenschaftler konnten nachweisen, dass Bewegung Wachstum und sogar die Neubildung von Neuronen unterstützt. Das ist genial, denn dadurch kann man der gefährlichsten Begleiterscheinung von Depressionen vorbeugen: dem Schrumpfen der Gehirnmasse.

Wenn wir uns draußen an frischer Luft bewegen, ist das Resultat ver-

---

10 Untersuchungen in Blumenthal, James A.: *Effects of exercise training on older patients with major depression*, Chicago 1999

gleichbar mit der Einnahme von Stimmungsaufhellern, wie dem bekannten Prozac. Gleichzeitig werden Endorphine freigesetzt und gute Gefühle produziert. Und das alles zum Nulltarif!

ERSTE HILFE GEGEN »BANGEWEILE«

» Worauf es ankommt ist tatsächlich nicht
die Angst oder was für Gefühle immer
wir gerade haben mögen, vielmehr einzig
und allein, wie wir zu ihnen Stellung
nehmen, also unsere Einstellung.«

VIKTOR E. FRANKL, NEUROLOGE UND PSYCHOLOGE

Eine weit verbreitete Variante der Melancholie ist das Sorgen-Machen. Vorzugsweise nachts, wenn man nach einem anstrengenden Arbeitstag sehnsüchtig auf den erholsamen Schlaf wartet. Stattdessen liegt man wach und grübelt. Auch hier ist unser Gehirn nicht ausgelastet und arbeitet im Leerlauf gegen uns. Nicht um uns zu schaden, sondern weil es unsere archaischen, automatischen Programme so vorsehen, erfindet es am Fließband eine katastrophale Möglichkeit nach der anderen. Frei nach einem alten, aber zeitlosen Witz:

Wortlaut aus dem Telegramm des Geschäftspartners aus Übersee: »Ankomme morgen. Mach dir schon mal Sorgen. Details später.«

Wenn wir im Urlaub eine Tageswanderung unternehmen, haben wir nur das Nötigste dabei. Proviant für einen Tag. Alles andere wäre Unsinn. Im Alltag hingegen packen viele Menschen jeden Tag sämtliche Probleme der nächsten 20 Jahre in ihren unsichtbaren Rucksack, tragen ihn die ganze Zeit auf den Schultern und wundern sich, dass sie unter der Last zusammenbrechen. Sinnvoll ist das nicht, aber welche Alternativen gibt es?

Bei vielen Menschen hat sich in den letzten Jahren vor der Lebensmitte das Sorgen-Machen bereits verselbstständigt. Unbewusst haben sie die Gedankenschleifen wieder und immer wieder geübt, sodass sie mitunter bereits zu einer Art Reflex geworden sind. Sie reagieren automatisch und trainieren dadurch das Sorgen-Machen. Eine fatale Fitnessübung. Wie geht es besser?

● ● ● ● ● ● ● ● ● ● AKTIV-IMPULS

SOFORTHILFE GEGEN DAS SORGEN-MACHEN

Erinnern Sie sich: Ihre Sorgen sind nur das Resultat von Gedanken, Fantasien und keinesfalls die Realität. Suchen Sie Alternativen für Ihr Horrorszenario. *Finden Sie fünf bis zehn harmlose und ebenso wahrscheinliche Szenarien.*

Ein Beispiel: Ihre Kinder sind immer noch nicht mit den Fahrrädern zurück vom Spielplatz. Hoffentlich ist da nichts passiert! Man hört schon die Sirene des Krankenwagens. Schrecklich!

Alternative Szenarien: Die Kinder haben die Zeit vergessen, sie haben einen neuen Freund kennengelernt, ein Fahrrad hat einen Platten, und sie müssen schieben und so weiter.

Und schließlich konzentrieren Sie sich auf die Fakten: Können Sie zweifelsfrei beweisen, dass Ihre negativen Gedanken wahr sind? Wie oft haben Sie sich in der Vergangenheit geirrt?

Meist liegt die Fehlerquote beim Sorgen-Machen bei über 95 Prozent. Sollten Sie solch einem Ratgeber vertrauen? ● ● ● ● ●

GEDANKENLESEN WIE BEI HARRY POTTER

Was normalerweise nur im Hollywood-Film funktioniert, wird täglich in zahllosen Büros mit Begeisterung praktiziert. »Ich weiß, was du denkst.« Wir lesen am Gesichtsausdruck ab, dass der neue Kollege uns verachtet, der Chef uns am liebsten abmahnen will und der Lebenspartner gerade an seine Affäre gedacht hat.

In Wirklichkeit malen wir uns in diesen Momenten die Situationen aus, die wir am meisten fürchten. Wieder lautet das einfache Gegenmittel: Suchen Sie Alternativen! Was könnte noch zu diesem Verhalten führen? Hat der Chef vielleicht nur Zahnschmerzen und der Neue gibt sich nur wortkarg, weil er seine Unsicherheit mit Arroganz überspielt?

Gedankenlesen ist keine Wahrheitsfindung, sondern lediglich Interpretation. Aber Interpretationen können komplett falsch sein. Ganz Mutige tun das mitunter einzig Sinnvolle: Sie fragen freundlich und lächelnd nach – und werden verblüffend oft positiv überrascht.

DIE ZUKUNFTS-VORHERSAGE

Meisterhaft verstehen wir es auch, durch die gut versteckte unsichtbare Glaskugel zwischen unseren Ohren in die Zukunft zu schauen. Vorzugsweise wenn sie Ungemach oder Frust für uns bereithält.

Beispiel: Sie haben eine geniale Idee, um die Stückkosten in Ihrer Abteilung um 50 Prozent zu senken, aber Sie denken, es lohnt nicht mit dem Chef darüber zu reden, weil das ja nicht funktionieren kann, sonst hätte man das schon längst gemacht. Sie werden also nur Spott und Kopfschütteln ernten? Nutzen

Sie bei solchen Gedankengängen wieder die erwähnte Strategie:

Können Sie zweifelsfrei sicher sein, dass Ihre Vermutung wahr ist? Vielleicht sehen Sie es lieber sportlich, gehen ein Risiko ein – und haben wider Erwarten Erfolg? Eine wichtige Erkenntnis ist, dass unsere Erfahrung ein Hinweis auf eine ähnliche Entwicklung in der Zukunft sein kann, aber nicht unbedingt sein muss! Jede Situation ist einzigartig und birgt neue Chancen!

Denken Sie daran, die Zukunft ist noch nicht geschrieben und Sie können noch viel verändern. Konzentrieren Sie sich auf nützliche Gedanken und verbessern Sie dadurch konkret Ihre Zukunft – und vor allem Ihre Gefühle in der Gegenwart!

IX. ANGLERLATEIN

Alles ist bereit und doch hören wir plötzlich auf –
wie wir unseren inneren Wächter oder Schweinehund
disziplinieren.

VON PECH UND ANDEREN MUSTERN IM LEBEN

Machen wir uns doch nichts vor: Das mit der Veränderung in
der Lebensmitte sagt sich leichter als es sich realisieren lässt.
Manche Menschen scheinen einfach Pech zu haben. Eine Bekannte von mir zum Beispiel: Das Kind ist ständig krank, der
Mann schlecht gelaunt, sie bekam vor einiger Zeit Grippe, im
Wohnzimmer brannten die Kerzen ein Loch in die Tischdecke
und das Auto sprang nicht mehr an. Da fehlte nur noch der
Durchfall der Katze, ein Autounfall, ein Meteoriteneinschlag in
der Küche und die fristlose Kündigung.

Manche Menschen stehen permanent mit ihrem Vermieter
oder ihren Nachbarn vor Gericht. Andere verlieben sich ständig
in den falschen Lebenspartner und wieder andere werden alle
zwei bis drei Jahre im Job gekündigt. Ein Freund von mir arbeitet sechs Tage die Woche, und das einzige, was wächst, sind die
Außenstände seiner Kunden bei ihm. Manche Menschen sind
ständig pleite, egal wie viel Gehaltserhöhung sie gerade bekommen haben.

» Unbewusste Selbstsabotage ist genau
dies: unbewusst! «

Andere sind ständig krank, haben alle paar Monate einen Unfall. Ich selbst hatte früher ständig Probleme mit der Ordnung
in meiner Wohnung und auf dem Arbeitstisch. Ständig gab es
etwas, das meine Bemühungen wieder zunichte machte. Und
das, obwohl ich mir doch redlich Mühe gab. Ehrlich!

Oder ist manches doch nicht nur Pech oder Schicksal? Redet
uns das unser »kleiner Mann im Ohr« vielleicht nur ein? Lassen Sie uns etwas näher hinsehen.

SIND ALLE ERGEBNISSE ERFOLGE?

Ich liebe versteckte Bedeutungen in Worten. Da hat man ein
Wort schon bestimmt tausendmal und mehr benutzt – und
dann sieht man es plötzlich zum ersten Mal in neuem Licht.

So ging es mir mit dem Wort »Erfolg«: Wir haben alle so unsere Vorstellungen, was das ist. Ich behaupte, dass wir alle zu
100 Prozent erfolgreich sind – immer und zu jeder Zeit! Klingt
unsinnig, nicht wahr? Wenn wir heute von Erfolg reden, meinen wir, dass damit Dinge beschrieben werden, die uns Anerkennung, Geld, Status, Siege, Medaillen oder Beförderungen
einbringen. Wenn wir Er-*Folg(e)* jedoch etwas anders schreiben
wird klar: Erfolge sind einfach das, was folgt. Das ist erst einmal
weder positiv noch negativ. Es ist nur ein Ergebnis. Eine Reaktion auf Handlungen der Vergangenheit!

Anders ausgedrückt: Unsere heutige Situation ist die Folge
unserer bisherigen Handlungen. Wenn wir also unsere Situation ändern wollen, müssen wir unsere Handlungen ändern.

» Erfolg ist das, was folgt –
auch wenn es uns nicht gefällt. «

Deshalb sind auch Niederlagen, Pleiten und häufig (nicht immer) sogar das sprichwörtliche Pech Folgen von Handlungen – und somit leider auch Erfolge. **Und wenn wir in der Lebensmitte bereits jahrzehntelang verschiedene Dinge in unserem Leben getan haben, dann haben wir heute die Folgen vor Augen.** Sprich, unsere selbst verursachten, unübersehbaren Ergebnisse. Auch diejenigen, die uns vielleicht nicht so gefallen im Hinblick auf Fitness, Gewicht und Job beispielsweise.

Die gute Nachricht: Lösungsalternativen, mit denen wir das ändern können, gibt es in Kapitel IV und V. Aber was ist mit unserem kleinen »Mann im Ohr«?

UNBEWUSSTE (ER-)FOLGE

Da unser Verstand aus Energiespargründen nur dann zugeschaltet wird, wenn unser Unterbewusstsein Hilfe braucht, ist unser Leben den größten Teil des Tages auf Autopilot geschaltet. Je nach Untersuchung mindestens zu 90 bis 95 Prozent.

Die meisten Entscheidungen übernehmen automatische Programme, und das ist gut so, weil es sich bewährt hat. Wir müssen uns nicht um unseren Herzschlag, das Atmen oder die Verdauung kümmern. Wer steuert das Zusammenwachsen unserer Zellen, wenn wir uns in den Finger geschnitten haben? Wie genau bekämpfen Sie eine Erkältung mit Halsschmerzen und wer sorgt dafür, dass sich weiße Blutkörperchen auf Grippeviren stürzen? Unsere biologischen Programme sichern unser Überleben, gerade weil wir uns um vieles nicht mehr aktiv kümmern müssen. Wir können beim Autofahren Nietzsche rezitieren oder unserem Liebsten am Handy ins Ohr flirten. Auch »vollkommen in Gedanken« finden wir den Weg nach Hause.

Problematisch wird es, wenn diese inneren Programme quasi automatisch zu Schulden, Beziehungsstress, Unfällen oder Konflikten am Arbeitsplatz führen, und wir dann sagen: »Ich weiß auch nicht, warum das ausgerechnet immer mir passiert!«

Das liegt daran, dass die Abläufe des Überlebens unglaublich komplex sind. Viel komplizierter als jedes Computerprogramm. Und da wissen wir schon, dass man ein funktionierendes Computersystem bloß nicht anfassen sollte. *Never touch a running system*, weiß jeder Programmierer.

Genau diesen Standpunkt vertritt auch unser Unterbewusstsein. Dumm ist nur, dass das eben wirklich unbewusst ist. Was will man da tun? Wir bemerken unser Fehlverhalten oft gar nicht. Dennoch können wir etwas dagegen unternehmen, allerdings nicht allein. Wir brauchen Feedback von außen. Von Freunden, Mentoren, einem Coach. Wir brauchen Feedback, dem wir vertrauen, auch wenn uns die Aussagen nicht gefallen. Unser Unterbewusstsein wird bei allen Änderungen in Unruhe geraten und heimlich sehr effektive Gegenmaßnahmen ergreifen, damit das Gesamtprogramm bloß nicht gefährdet wird.

> *» Konstruktives Feedback von außen ist*
> *der Schlüssel für Veränderungen –*
> *und verhindert clevere Ausreden. «*

Erst wenn wir in unserem Leben andere Ergebnisse erzielen, können wir sicher sein, dass wir wirklich etwas verändert haben. Vorher sind alle Bemühungen nur potenzielle Nebelkerzen unseres Gehirns. Einflüsterungen unseres inneren Wächters.

FÜNF PUNKTE GEGEN DURCHSTARTER-BLOCKADEN
Hinterfragen Sie die Ergebnisse in Ihrem Leben und bleiben Sie aktiv:

1. Welchen Mini-Schritt traue ich mir heute zu? Was ist machbar – egal wie klein der Schritt auch ist?
2. Ist das hundertprozentig sicher, was ich da denke? Wieso kann ich da so sicher sein? Welche besseren Alternativen sind auch möglich?
3. Ignoriere deinen Gedankenmüll – stelle dir vor, das ist nur Dampfplauderei.
4. Denke bei Angst und Selbstzweifeln »und« statt »entweder-oder«. (Ich kann Angst haben *und* trotzdem gute Arbeit abliefern.)
5. Stoppe dein unbewusstes Notfall-Programm durch Logik. Frage dich: Überlebe ich das? Wenn dein Leben nicht akut in Gefahr ist, ist alles andere lösbar.

UNSICHTBARER WIDERSTAND BEI VERÄNDERUNGEN

Wir haben ständig neue Ideen im Alltag. Aber dann läuft immer (!) ein automatischer »Programmcheck« ab. Wir sind mit der Idee im inneren Widerstand. »*Kann ich das? Ist das gut für mich? Ist das gefährlich? Lohnt sich der Aufwand?*«

Dieser Programmcheck dauert nur Sekundenbruchteile und bleibt fast immer unterhalb der Wahrnehmungsschwelle unseres Verstandes. Deshalb bekommen wir davon im Alltag gar nichts mit. Dennoch ist dieser Widerstand gegenüber jeder neuen Idee ein natürlicher Prozess, und diese Sicherheitsüberprüfung findet laufend statt. Schätzungsweise 1000-mal pro Tag – ohne dass wir es mitbekommen.

»Soll ich doch noch schnell einkaufen fahren? Ist es zu regnerisch für einen Spaziergang? Geh ich noch ins Fitness-Center? Verzichte ich auf das Stück Sahnetorte? Oder etwas komplexer: Kann ich das Klavierstück bis zu Mariannes Geburtstag einüben?«

Wenn Sie bereits gut Klavier spielen können, ist das wahrscheinlich keine Herausforderung für Sie. Bestand Musik für Sie bisher ausschließlich aus CDs hören und Marianne ist für ihr zukünftiges Leben von zentraler Bedeutung, dann haben Sie ein Problem und Stufe 2 wird aktiviert: *Spürbarer* Widerstand und *spürbar* negative Gefühle!

Gab es einmal einen Tag in ihrem Leben, an dem Sie krank wurden, weil sie auf gar keinen Fall zur Schule oder zur Arbeit gehen wollten? Ich meine richtig krank, nicht simuliert? Kennen Sie jemanden, der vor einer wichtigen Rede heiser wurde oder einen Fall von Kopfschmerzen oder Migräne, die durch Angst ausgelöst wurden? Den einen überfällt beim Üben der Prüfungsaufgaben bleierne Müdigkeit, der andere erkennt, dass er dringend sofort Staubsaugen oder seinen Kumpel anrufen muss.

> » *Widerstand bei Veränderungen ist*
> *normal – er wird uns im Alltag aber oft*
> *nicht mehr bewusst.* «

Unbewusste innere Widerstände treten in vielen Verkleidungen auf. Gerne fragen wir beispielsweise gezielt Menschen um Rat, von denen wir bereits wissen, was sie antworten werden, bevor sie den Mund aufgemacht haben. Der Vorteil: Sie werden uns garantiert in unseren Bedenken unterstützen und uns zureden, dass unser Vorhaben nicht gelingt.

Fragen Sie einmal Beamte im Bekanntenkreis, ob Sie sich selbstständig machen sollen. Was hält der übergewichtige

Sportmuffel in der dritten Etage wohl von ihrer Vertragsverlängerung im Fitness-Center?

So wie wir überall Kinderwagen sehen, wenn unsere Freundin schwanger ist, so sind wir bei geplanten Veränderungen in der Lebensmitte plötzlich umgeben von Menschen, die es »gut« mit uns meinen. Und die brillante Argumente haben, warum der Plan in diesem ganz speziellen Fall nun aber »wirklich so was von garantiert überhaupt gar nicht funktionieren kann«.

Wir lassen uns in unseren Zweifeln und Überzeugungen bestätigen. Unbewusst machen wir das schon sehr clever. Unser kleiner »Mann im Ohr« ist da sehr erfinderisch. Mit der folgenden Strategie können wir seinen Widerstand jedoch oft erheblich reduzieren und unsere Ziele besser erreichen:

ASIATISCHER ZIELKORRIDOR STATT EUROPÄISCHES ZIEL

Sich selbst Ziele zu setzen ist – wenn man darin noch nicht so geübt ist wie Leistungssportler – eine Tat, die zu Beginn häufig Frust verursacht, weil man seine Ziele nicht immer erreicht.

Vereinfacht gesagt, bevorzugen wir im Westen die knallharte Punktlandung: *Ich laufe morgen exakt 12,5 Kilometer oder ich bin ein Versager.* Das funktioniert im Leistungssport häufig sehr gut, kann für einige Menschen jedoch kontraproduktiv sein. Die östliche Philosophie des »Zielkorridors« kann hier Wunder bewirken. Wo immer es möglich ist, setze ich mir drei Ziele. Ein Minimalziel, das westliche Punktlandungsziel und ein Optimalziel.

Beim Buchschreiben nahm ich mir zum Beispiel am Anfang vor, pro Tag auf jeden Fall eine Seite zu schreiben, lieber drei – und das peilte ich an – und wenn alles super lief, waren fünf gute Seiten oder mehr ein Traum. Das war dann mein Optimalziel, bei dem ich in Jubelstürme ausbrechen durfte. Der Trick ist psychologisch (und natürlich auch wieder biologisch) gesehen folgender: Ich konzentriere mich auf die drei Seiten und die Wahrscheinlichkeit, dass ich dann mindestens eine Seite schaffe liegt bei nahezu 100 Prozent. Damit habe ich bereits mein Tagesziel erreicht, ich fühle mich gut, und das motiviert mich. Ich schreibe weiter, sehe, wie leicht es geht, schließlich habe ich ja mein Tagessoll bereits übererfüllt. Und häufig ist dann sogar das Optimalziel in Reichweite oder wird übertroffen.

● ● ● ● ● ● ● ● ● AKTIV-IMPULS

ZIELKORRIDOR GEGEN DIE AUFSCHIEBERITIS
Formulieren Sie, wo immer es geht, drei Ziele und konzentrieren Sie sich auf das in der Mitte.

Sie wollen mit morgendlichem Joggen anfangen? Nehmen Sie sich vor eine Minute, zehn Minuten oder sogar 20 Minuten zu joggen.

Sie wollen mit dem Rauchen aufhören? Nehmen Sie sich vor, heute eine, drei oder fünf Zigaretten weniger zu rauchen als gestern. (Oder wie ein guter Freund es macht: Beginnen Sie mit dem Rauchen jede Woche eine Stunde später am Tag.)

Geht das auch im Büro? Versuchen Sie es! Ihr Chef verlangt die Präsentation bis Donnerstag um 16 Uhr? Peilen Sie als Punktlandung für sich 15 Uhr an und belohnen Sie sich mit einem edlen Glas Wein am Abend, wenn Sie bereits um 14 Uhr fertig sind.

Erfahrungsgemäß ist diese Strategie für viele Menschen hilfreich. Sie erhöhen die Wahrscheinlichkeit für ein Erfolgserlebnis und nach einiger Zeit wird Ihnen das persönliche »Ziele setzen« mit großer Wahrscheinlichkeit sogar Spaß machen.

Vielleicht mögen Sie es einfach einmal ein paar Wochen am Stück ausprobieren?   ● ● ● ● ● ● ● ● ● ● ● ● ●

ERFOLG UND ANGST

Erfolg und Misserfolg liegen nicht nur im Spitzensport eng beieinander. In Erfolgsseminaren hört man immer wieder, dass wir unbedingt die Komfortzone verlassen müssen und auf dem Höhepunkt der Begeisterung im Publikum fallen gerne Sätze wie »Und da, wo die Angst ist, da geht es lang!« Alle nicken dann: Wie wahr er oder sie spricht!

Aber was heißt das wirklich – und warum folgen dann die wenigsten diesem eigentlich sehr simplen Ratschlag? Ganz einfach: aus Angst!

Denn was einem in dem Seminar nicht deutlich wird: Solange wir uns unangenehme Dinge nur *in der Theorie* vorstellen, bekommen wir vielleicht ein leicht prickelndes, unangenehmes Gefühl, aber erst in allerletzter Sekunde, wenn es richtig ernst wird, schaltet unser Gehirn den Gefühlsturbo zu. Und dann sind wir schockiert.

Ein Beispiel:

Als meine Frau und ich im letzten Urlaub einen Tandem-Fallschirmsprung aus 3 500 Metern Höhe machen wollten, sagte ich mir zuerst: kein Problem. Das hast du vor gut 20 Jahren schon einmal gemacht. Das kennst du, deshalb musst du davor keine Angst haben. Entsprechend machte ich mir auch lange Zeit keine weiteren Gedanken darüber.

Als wir dann unsere Sprungmontur anzogen, wurde mir schon etwas komisch, aber das war ja klar: Kein Grund zur Beunruhigung, wir haben alles voll im Griff!

Erst als wir dann im Flugzeug saßen und dieses mit der nur halb geschlossenen Rolltür abhob, wurde meinem Gehirn offensichtlich klar: Hey, das ist hier kein Spiel mehr, jetzt wird es ernst. Erst zu diesem Zeitpunkt wurde von meinem inneren Wächter das volle Hormonarsenal gezündet: Ich spürte, wie mein Körper mit Hormonen geflutet und mir dadurch heiß wurde. Dass ich mühsam einen ganzen Männerchor von inneren Warnstimmen ignorieren musste, sei hier nur am Rande erwähnt. Meine inneren Leibwächter schrien sich die Seele aus dem Leib, um mich vor dem vermeintlichen Irrsinn zu bewahren, da ich aus ihrer Sicht nicht nur mein Leben aufs Spiel setzte, sondern auch das meiner Frau.

ERFOLGSBREMSE ANGST IM BÜRO

Nun muss man nicht unbedingt mit einem Fallschirm auf den Flugplatz gehen, um solche Gefühle zu produzieren – ein Büro und ein Telefonhörer tun es häufig auch schon. Die Angst vor unangenehmen Telefonaten ist weiter verbreitet als Laktoseintoleranz. Und gerade wenn es besonders wichtig ist, fühlen wir uns wie ein Gladiator im alten Rom, kurz bevor die Löwen losgelassen wurden. Was für ein Unsinn – und was für ein Pech!

Durch diese Überzeugung sind die Ratschläge aus dem teuren Wochenend-Seminar rasch wieder vergessen: *Schultern runter, ausatmen, mentalen Anker aktivieren, in Gedanken »Ich überlebe das« sagen* und so weiter? Alles weg. Stattdessen fühlt es sich so unfassbar furchtbar an, also kann das nicht richtig sein. Ich habe es selbst mehr als einmal am eigenen Körper erlebt, und es ist wissenschaftlich nachweisbar. Große Teile des Großhirns, der sogenannte Neocortex, werden abgeschaltet, und wir sind in dem Moment wirklich dümmer!

> » *Angst, Wut, Verzweiflung fühlen sich so real an – aber es sind nur Gefühle, nicht die Realität.* «

Versuchen Sie einmal eine einfache Rechenaufgabe zu lösen, wenn Sie unmittelbar vor Ihrem ersten Auftritt vor großem Publikum stehen: In dem Augenblick, in dem wir unsere Gefühle für die Realität halten, ist alles aus. Unsere Gefühle sind nur Gefühle. Ein gut gemeinter Hinweis. Nicht mehr. Mögliche Gegenmaßnahmen, die sich in vielen Fällen bewährt haben, sind diese: Schreiben Sie sich für solche Situationen einen individuellen Spickzettel, der Ihnen hilft. Basteln Sie sich eine Affirmation, machen Sie Trockenübungen, lernen Sie, Ihre Gedanken zu kontrollieren.

Je nach Umfrage haben 70 bis 80 Prozent aller Manager Angst in ihrem Job, nutzen dieses Gefühl oft jedoch als Antrieb. Für viele erfolgreiche Menschen ist Unzufriedenheit, mitunter auch Wut eine treibende Kraft in ihrem Leben. Entscheidend ist immer unsere Reaktion auf ein Gefühl. Nicht das Gefühl selbst. Wie viel Raum und Gewicht wollen Sie Ihren Gefühlen geben?

Nach längerem Training gelingt es immer öfter, die förderlichen Anteile für sich zu nutzen und die hemmenden zu ignorieren.

● ● ● ● ● ● ● ● ● AKTIV-IMPULS

DREI FRAGEN BEI ALLTAGS-KATASTROPHEN

Nutzen Sie drei konstruktive Fragen, die Ihnen bei Katastrophen rasch wieder Ruhe und Gelassenheit verschaffen. Die Erfahrung aus jahrelanger Coaching-Arbeit zeigt, dass dies verblüffend oft funktioniert. Wir können unsere Wahrnehmung steuern und verändern – sogar unser Gehirn umfangreich umbauen. Hier nun die Hitliste der Fragen für jeden Tag – nutzen Sie die gewaltige Kraft der Perspektive!

1. Fragen Sie sich bei allen »Problemen«: *Was kann ich daraus für mich lernen?*

2. Bei allen »Katastrophen«: *Was ist der Vorteil an dieser neuen Situation?* (Dieser Gedanke fällt manchmal schwer, aber wenn man lange genug nachdenkt, findet sich immer etwas – vorausgesetzt wir lassen die Möglichkeit zu.)
3. Jeden Morgen: *Was ist das Unangenehmste heute? Wovor habe ich am meisten Angst?* (Erledigen Sie diese Aufgabe dann als Erstes und genießen Sie anschließend den Rest des Tages, die Erleichterung und den Stolz auf sich selbst!) ● ● ● ● ● ● ● ●

DIE VIER PHASEN DER VERÄNDERUNG

Lassen Sie sich von Ihren inneren Beschützern oder Quälgeistern nicht ins Bockshorn jagen. Egal, was wir neu beginnen, ob Tennis, ein Zusatzstudium oder Chinesisch lernen, Surfen oder eben das Durchstarten mit unserem Traumziel ab 40: bei jeder Veränderung in unserem Leben durchlaufen wir vier Phasen.

Das ist vollkommen normal, fühlt sich jedoch leider sehr, sehr unterschiedlich an. Aber wenn Sie diese vier Stufen kennen, können Sie gelassener reagieren nach dem Motto: *Ah, ich bin wieder einmal in Stufe 2. Ärgerlich – aber das geht vorbei.*

1. Unbewusste Inkompetenz
Vereinfacht ausgedrückt könnte man diese Phase umschreiben mit: *Ich weiß nicht, dass ich nichts weiß!*

Wir stellen uns vor, wie das wohl ist mit dem Windsurfen, mit der Weltumsegelung oder dem Job als gefeierte Chefdesignerin. Einfach herrlich! Wir malen uns die Situation in schillernden Farben aus und wissen noch nicht, was wir alles dafür tun müssten, um unser Ziel zu erreichen.

Ein Bild für Phase 1: Sie stehen am Strand und sehen die

Windsurfer vor sich und denken: Wow, das will ich auch! Wir sind einfach naiv begeistert. Die Phase ist wichtig, damit wir überhaupt anfangen.

2. Bewusste Inkompetenz

Der vorübergehende Absturz: *Ich weiß, dass ich nichts weiß!*

Diese Phase ist die schlimmste, und *die meisten Menschen geben hier auf.* Es herrscht Frust, Wut, Angst, teilweise tiefe Verzweiflung angesichts der zahlreichen Probleme. *Wie soll ich das jemals schaffen?* Ohne die richtige Strategie, ohne mentale Unterstützung durch Freunde oder einen Mentor erscheint uns die Hürde übermächtig.

Als Bild für Phase 2: Wir stehen bei Windstärke acht mit unserem Surfbrett im flachen Wasser und bekommen noch nicht einmal das Segel unter Kontrolle. Aufs Brett zu steigen, steht gar nicht zur Diskussion. Die Arme schmerzen, uns ist kalt und wir fragen uns, warum wir nur die vollkommen blödsinnige Idee hatten, Windsurfen lernen zu wollen. Niemand will das!

Wer jetzt aufhört, imitiert den sprichwörtlichen Sisyphos, der immer wieder denselben Stein den Berg hinaufrollt. Treffen Sie eine Abmachung mit sich selbst: *Heute nur noch diese Stunde durchhalten.* Sie können den Windsurfkurs abbrechen. Das ist vollkommen in Ordnung. Allerdings erst morgen nach der nächsten Lektion. Halten Sie noch diese eine Stunde durch.

In Phase 2 können wir gar keine nüchterne »selbstbestimmte« Entscheidung treffen, weil wir zu sehr unter dem Einfluss unserer Hormone und Gefühle stehen und oft nicht zurechnungsfähig sind. Der Frust soll schnellstmöglich aufhören – egal wie. Und da ist »sofort alles hinschmeißen« natürlich verlockend. Würden Sie es vielleicht morgen bereuen?

Eine erfolgreiche Strategie ist es, in Phase 2 eine endgültige Entscheidung zu vertagen und zu warten, bis man Phase 3 erreicht hat. Denn die kommt – wenn man durchhält – garantiert.

3. Bewusste Kompetenz
Es wird langsam besser: *Ich weiß, dass ich etwas weiß!*

Obwohl wir uns noch ziemlich konzentrieren müssen und es anstrengend ist, stellen sich jetzt erste Erfolge ein. In dieser Phase befinden wir uns sehr häufig im Leben.

Als Bild: Wir haben mithilfe unseres Surflehrers und einem Schuss Wut oder Gelassenheit das Segel doch noch aus dem Wasser bekommen, der Wind hat sogar etwas nachgelassen. Wackelig stehen wir auf dem Brett und surfen los. Bei einer Halse müssen wir uns noch voll konzentrieren, fallen ab und zu noch ins Wasser, aber es geht voran.

4. Unbewusste Kompetenz
Wir haben es geschafft: *Ich weiß gar nicht mehr, dass ich so viel weiß.*

Diese Phase ist die schönste, und wir erreichen sie leider erst nach längerer Übung – wenn wir beharrlich dran bleiben. Wir gleichen dann einem Jongleur, der mit geschlossenen Augen Bälle durch die Luft wirbeln lässt.

Beim Windsurfen auf dem Wasser lächeln wir entspannt unserem Lehrer zu, während wir elegant mit einer Halse wenden und uns, ohne nachzudenken, sofort wieder ins Trapez hängen und über das Wasser fliegen. Wir sind im sogenannten *Flow* und vergessen bei unserer Tätigkeit gerne auch einmal vollkommen die Zeit. Wir genießen unser Leben und alles ist gut.

Phase 4 rechtfertigt im Nachhinein alle Mühen und Sorgen, sie macht einfach glücklich. Vielleicht denken Sie das nächste

Mal daran, wenn Sie wieder einmal in einer Phase 2 Ihres Lebens stecken: Phase 2 geht vorüber, aber Phase 4 können Sie ein Leben lang genießen!

DIE GEFÜHLS-ACHTERBAHN IM ÜBERBLICK

- Phase 1: Naive, unwissende Begeisterung. Alles ist möglich!
- Phase 2: Ernüchterung. In der Spitze Depression oder Panik.
- Phase 3: Hoffnungsschimmer. Erste Signale der Verbesserung.
- Phase 4: Neue Realität: Motivation und berechtigte Begeisterung.

X. AUFSCHIEBERITIS: STOLPERN AUF DER ZIELGERADEN

Die letzte Hürde beim Durchstarten und wie
wir die Einzelteile in unseren Alltag einbauen.

Ein immer wieder quälender Hemmschuh bei Veränderungen
in der Lebensmitte ist das Thema Aufschieberitis (Prokrastination). Ich weiß nicht, ob Sie dieses Phänomen nur vom Hörensagen kennen – ich selbst kenne das absolut aus erster Hand.

> » *Eigentlich bin ich ganz anders,*
> *nur komme ich so selten dazu.* «
> ÖDÖN VON HORVÁTH

Schon in der Schule hatte ich immer erst am Vorabend einer
Klausur gelernt. In der Regel frühestens ab 22 Uhr, wenn der
Druck unerträglich wurde und sich mit einer Prise Angst vor
einer schlechten Note mischte. Dementsprechend übernächtigt
war ich am nächsten Tag – und habe mich anschließend regelmäßig darüber geärgert. Aber es war nichts zu machen. Jedes
Mal dieselbe Prozedur. Furchtbar. Und leider erfolgreich.

Ich kam mit dieser Erfolgsstrategie in der Schule bestens
durch und deshalb wurde sie in meinem Gehirn abgespeichert.

Sie wurde Teil des Lebensplans meines Unterbewusstseins. Später war die Herausforderung dann, dieses Altprogramm durch ein besseres Update zu überschreiben. Mühsam – und möglich! Zahlreiche Anregungen und Tipps rund um das »Wie« finden Sie in diesem Kapitel. Picken Sie sich einfach die richtigen für sich selbst heraus.

Viele wunderbare Dinge können wir vermeintlich viel besser gleich morgen beginnen als heute: ob der längst überfällige Bericht im Büro, der obligatorische Frühjahrsputz, der Vorsatz mit der Diät anzufangen oder mit dem Rauchen aufzuhören – gleich geht es wirklich los, wir müssen nur noch schnell vorher etwas irre Wichtiges erledigen …

Wir checken ganz kurz die E-Mails, bringen einem Kollegen ein Croissant aus der Kantine, beantworten rasch eine dringende SMS, aber mit der großen Geschäftspräsentation kommen wir einfach nicht voran. Ständig werden wir abgelenkt und es gibt ja auch wirklich gute Gründe dafür … Ein klassischer Fall von Aufschieberitis. Warum tun wir das?

Wir flüchten uns in Ersatzhandlungen. Im Kampf gegen Frust und Langeweile verschaffen wir uns schnell nebenbei ein paar kleine *kurzfristige* Erfolgserlebnisse. Ein kleiner Dopamin-Kick zwischendurch.

Die nette Kollegin bedankt sich für den Kaffee, die SMS verschafft ein wenig Freude, was wir jedoch in Wirklichkeit tun: Wir drücken uns um unangenehme Entscheidungen und mühsame Arbeiten. Leider lösen die sich nicht auf, sondern werden immer dringender und wichtiger. Bis es irgendwann zu spät ist.

> *» Über den bleichen Gebeinen und zerstreuten Ruinen vieler Zivilisationen stehen diese traurigen Worte: Zu spät! «*
> MARTIN LUTHER KING

Jeder hat Themen, denen er sich nicht gerne stellt. Die meisten entscheiden dann: Das mache ich morgen. Oder noch besser: nächsten Monat. Dazu dieser zeitlos schöne Kneipenwitz:

In großen Lettern hängt über der Theke der Satz: »Morgen gibt's Freibier für alle!« Der neue Gast ist begeistert und erscheint pünktlich am nächsten Tag, um sich seine Freigetränke zu sichern. Und der Wirt deutet nur aufs Schild und sagt: »Kein Problem. Morgen!«

Je älter wir werden, desto dicker wird oft der Hängeordner mit der Kennzeichnung »Später«. Und irgendwann ist er da, der Tag mit Namen »Später« und wir können nicht länger davonlaufen. Jetzt haben wir es gleich doppelt schwer: Erstens können wir uns nicht länger vor dem Unangenehmen drücken und zweitens ist der Hängeordner voll!

Was sagt die moderne Wissenschaft zu den Ursachen? Die Suche führt uns in die Steinzeit und zu einem alten Zweikampf zwischen unseren Ohren.

● ● ● ● ● ● ● ● ● ● ● AKTIV-IMPULS

BLICKEN SIE IN IHRE ZUKUNFT

Wenn Sie unter Aufschieberitis leiden, dann beantworten Sie schriftlich die nützliche Schockfrage: *Wie sieht mein Leben in fünf Jahren aus, wenn ich jetzt nichts verändere?* Schleichende Veränderungen können unbemerkt in eine Katastrophe führen – das wissen wir alle. Aber es ist graue Theorie. Da ist schon etwas Kreativität und konkrete Vorstellung gefragt:

Was setzen wir eigentlich alles durch unsere Passivität aufs Spiel? Nehmen Sie sich ein leeres Heft, einen Kugelschreiber, eine Stoppuhr und eine halbe Stunde Zeit. In dieser Zeit beantworten Sie für sich bitte schriftlich zwei Fragen:

1. Wie sieht mein Leben in einem Jahr aus, wenn ich nichts verändere?
2. Wie sieht mein Leben in fünf Jahren aus, wenn ich nichts verändere?

Schreiben Sie bitte jeweils für volle 15 Minuten einfach drauflos. Das ist sicher eine lange Zeit, aber hören Sie nicht mit dem Schreiben auf. Sie sollten nicht groß nachdenken, sondern einfach nur schreiben und den Stift nicht absetzen. Formulieren Sie alles so bildhaft und detailliert wie möglich.

Diese etwas ungewöhnliche Übung dient dazu, Ihr Unterbewusstsein zu aktivieren. Sie sollen in eine Art Schreibfluss kommen und wundern sich vielleicht anschließend, was Sie da alles zu Papier gebracht haben. Idealerweise sorgt das Ergebnis auch für die nötige Motivation bei Ihnen, um Aufschieberitis zu überwinden und Veränderungen in die Tat umzusetzen.

GUTE GRÜNDE FÜR »AUFSCHIEBERITIS«

Aufschieberitis wird seit Jahrzehnten erforscht. Zahlreiche psychoanalytische und humanistische Theorien gehen davon aus, dass Aufschieber entweder einfach faul oder heimliche Perfektionisten sind. Piers Steel[11], international anerkannter Experte im Bereich Prokrastination, konnte jedoch unlängst nachweisen, dass der Kern von Aufschieberitis vielmehr in einer Auseinandersetzung zweier Systeme in unserem Gehirn begründet ist.

Wir neigen dazu, unliebsame Aufgaben zu verschieben, weil sich unser »Lust-Gehirn« (das limbische System) und das »Planungs-Gehirn« (der Frontalkortex) gegenseitig bekämpfen.

---

11 Piers Steel: *The Procrastination Equation*, New York / Toronto 2011

Steel macht das an einem simplen Beispiel deutlich: Stellen Sie sich vor, Sie leben in einem zweistöckigen Mehrfamilienhaus. Die Menschen im Erdgeschoss sind am liebsten spontan, feiern ausgiebig, planen nicht im Voraus und überlassen das Leben eher dem Zufall. Im ersten Stock hingegen leben Mieter, die gern alles im Griff haben. Sie arbeiten fleißig, planen mit Vorliebe lange voraus und hassen es, wenn etwas außer Kontrolle gerät. Konflikte sind hier vorprogrammiert.

> *» Aufschieberitis ist der Kampf Lust-Hirn*
> *gegen Planungs-Hirn. «*

Je nachdem, welches »Stockwerk« in unserem Kopf durch Vererbung, Erziehung oder kulturellen Hintergrund stärker ausgeprägt ist, neigen wir mehr oder weniger zur Aufschieberitis.

In der Steinzeit war das kein großes Thema. Gestorben werden konnte minütlich – langfristiges Denken war da selten sinnvoll. Erst seit unsere Gesellschaft Planung begünstigt, kommt es im Gehirn zunehmend zu Konflikten.

● ● ● ● ● ● ● ● ● ● AKTIV-IMPULS

SIEBEN TIPPS GEGEN »AUFSCHIEBERITIS«

1. Enttarnen Sie Ihr Lust-Gehirn, indem Sie ein »Verzögerungstagebuch« führen: Schreiben Sie auf, in welchen Situationen Sie zum Aufschieben neigen.
2. Nutzen Sie die Kraft einer Erfolgsspirale. Kleine Siege schaffen Selbstvertrauen und führen zu mehr Leistung.
3. Arbeiten Sie zu festen Zeiten. Laut Steel sind wir zwei bis drei Stunden nach dem Aufstehen am produktivsten.

4. Nutzen Sie positive Aufschieberitis (zum Beispiel Hausputz statt Fernsehkonsum).
5. Schaffen Sie Arbeitsrituale für jeden Tag zur selben Zeit.
6. Planen Sie zuerst die Dinge, die Spaß machen und dann den Rest, um das Gefühl zu vermeiden, dass Planung eine ständige Last ist.
7. Akzeptieren Sie, dass Arbeiten immer länger dauern als gedacht. Zerlegen Sie sie in Einzelteile und fangen Sie zum Beispiel für eine Minute an. Der innere Anfangswiderstand sollte so klein wie möglich gehalten werden.

Aufschieberitis hat zudem auch mit unserem Selbstwertgefühl bei Veränderungen in der Lebensmitte zu tun. Das Problem vieler Aufschieber: unklare Prioritäten, Impulsivität, mangelnde Sorgfalt. Manche haben tatsächlich eine Abneigung gegen mühsame Arbeiten wegen Langeweile, Ängsten oder Perfektionismus. Sehr häufig hat dies eine gemeinsame Ursache:

Viele Betroffene stellen Erfolg mit ihrem Selbstwert auf eine Stufe! Das hat fatale Konsequenzen, denn wer sein Selbstwertgefühl über Erfolge definiert, braucht ständig Nachschub wie ein Junkie.

Damit man das Gefühl bekommt, »etwas geschafft zu haben«, sucht man sich kleine Dinge, die schnell zu erledigen sind. Damit es schnell zur verdienten Selbst-Belohnung kommt – dem Glücksgefühl über das Erfolgserlebnis. Bei scheinbar zu großen Projekten oder Problemen stimmt dann das Verhältnis »Aufwand vs. Belohnung« für viele nicht mehr. Und genau dann beginnt der Kampf der von Steel beschriebenen zwei Systeme in unserem Gehirn: Vorausschauende Selbstdisziplin gegen Schweinehund.

WOVOR HABEN AUFSCHIEBER ANGST?

Die Angst der Aufschieber teilt sich in zwei Hauptfelder: Erstens Versagensängste und zweitens Angst vor Kritik.

Die Angst vor dem Versagen hat jedoch auch Vorteile: Sie sorgt dafür, dass wir uns optimal auf neue Situationen vorbereiten. Ohne Versagensängste hätten wir weniger Motivation, würden vielleicht sogar schlampig arbeiten. Das wirkliche Problem ist vielmehr die »Angst vor der Angst«. Unsere Sorgen im Vorfeld sind fast immer viel schlimmer als das mögliche Versagen an sich. Fragen Sie sich einmal selbst: *Was ist das Schlimmste, was passieren könnte? Wie wahrscheinlich ist es? Welche Konsequenzen hätte das? Kann ich mir da ganz sicher sein? Würde ich das überleben? Auch im schlimmsten Fall?*

In 99,98 Prozent aller Fälle sollten Sie die letzten beiden Fragen klar mit einem »Ja« beantworten können. Und das macht es schon viel weniger schlimm.

> *» Folge deinen Gefühlen und lebe mit den Konsequenzen. «*
> RICHARD BRANSON, UNTERNEHMER UND ABENTEURER

Nicht Fehler sind der Hemmschuh – sehr erfolgreiche Menschen haben generell mehr Fehler hinter sich als unerfolgreiche. Entscheidend ist unser Umgang damit. Es gibt zwei Möglichkeiten, um mit Fehlern umzugehen:

Variante A: Ich habe einen Fehler gemacht. Ich habe versagt. Ich werde das nie wieder machen. Es war eine Katastrophe.

Variante B: Ich habe einen Fehler gemacht. Das ist ärgerlich, aber vollkommen natürlich. Und ich habe es wieder einmal problemlos überlebt. Durch diese Erfahrung bin ich gewachsen. Ich weiß jetzt, dass es so nicht geht. Ich werde andere Leute fragen, mich damit beschäftigen, beobachten, zuhören, lernen. Und mein Ziel dann doch irgendwann erreichen.

Jeder von uns hat die Wahl zwischen diesen beiden Varianten. Vielleicht möchten Sie einmal Ihre Gedanken treiben lassen: Gibt es in Ihrem Leben etwas, das Sie aufschieben, weil Sie Angst haben, dass es nicht klappt? Was ist das? Was könnte schlimmstenfalls passieren?

Machen Sie ein kleines Gedankenspiel. Nehmen Sie sich etwas Zeit und Ruhe für sich selbst. Stellen Sie sich vor, Sie wären durch eine glückliche Fügung ab sofort garantiert erfolgreich. Egal was Sie tun. Was würden Sie dann heute noch beginnen? Warum? Wie würden Sie starten?

GRÜBELN UND PERFEKTIONISMUS VERBOTEN

1. Grübeln verboten

Überlegen Sie im Vorfeld gut und gründlich: Was will ich genau tun? Warum will ich das genau? Welche Konsequenzen hat das?

Treffen Sie dann bis zu einem klar definierten Termin eine Entscheidung: Will ich das wirklich – ja oder nein? Und ist die Antwort »Ja«: Dann tun Sie es. Punkt.

Verbieten Sie sich nach einer gesetzten Frist jegliches Grübeln. Sie hatten Ihre guten Gründe, haben sorgfältig abgewogen. Mehr konnten und können Sie nicht tun. Das war's. Jetzt machen Sie das. Basta!

2. Perfektionismus ade

Muss Ihr Projekt von Anfang an perfekt sein? So etwas ist ähnlich wahrscheinlich wie ein Meteoriten-Einschlag im Wohnzimmer. Wie viele Dinge sind überhaupt nicht perfekt – funktionieren aber trotzdem?

Die meisten »perfekten« Sachen haben erstens bei genauer Betrachtung deutliche Macken, und sie sind in der Regel durch ein ganz einfaches Prinzip entstanden: überarbeiten – überarbeiten – überarbeiten.

»Perfektionismus zu jeder Zeit« bedeutet Lähmung! Besser fehlerhaft begonnen als perfekt gezögert! Oft sind 80 Prozent vollkommen ausreichend. Und verbessern können Sie später immer noch. Außerdem schaffen Sie dadurch wesentlich mehr und sind erfolgreicher.

Die 80/20-Regel (das sogenannte Pareto-Prinzip) besagt, dass man häufig mit 20 Prozent Aufwand eine Sache zu 80 Prozent gut erledigen kann. Für viele Dinge reicht das vollkommen aus.　● ● ●

WIE MAN JEDEN TAG ZEIT GEWINNT

Aufschieber haben oft nicht genug Zeit. Allerdings ist nichts auf der Welt so gerecht verteilt wie Zeit. Jeder von uns bekommt pro Tag 24 Stunden zur Verfügung gestellt und kann damit theoretisch machen, was er will. Warum haben dann manche gefühlt »mehr Zeit« als andere? Was machen sie anders oder besser?

Ich lief lange Jahre gehetzt durch mein spannendes aber sehr anstrengendes Reporterleben. Ständig auf der Jagd von Termin zu Termin. Und ich kam häufig ein paar Minuten zu spät, weil der Zeitplan einfach zu eng gesteckt war. Weil die Fahrtzeit von Norderstedt nach Neumünster eben selbst im optimalen Fall 30 Minuten betrug. (Damals noch ohne Navigationsgerät oder Stauwarner im Auto.)

In dieser Phase meines Lebens hätte ich mir oft mehr Zeit und Ruhe am Tag gewünscht, zwischen Telefongeklingel und Termindruck jedoch nicht zu finden gehofft. Wo also hernehmen? Der US-Amerikaner Timothy Ferriss hatte mehrere Jahre ein ähnliches Problem, bis er es dann mit seinem wunderbaren Bestseller »Die Vier-Stunden-Woche« auf geniale Weise löste. Von ihm habe ich die folgende Geschichte.

EINRICHTUNGSZEIT IST LEBENSZEIT

Ich habe mich lange gefragt, wie es sein kann, dass es fast genauso teuer ist, 100 Exemplare von Prospekten oder Visitenkarten drucken zu lassen wie 1 000 oder mehr! Woran liegt das? Die Antwort ist einfach: an der Einrichtungszeit! Es dauert lange, bis die Maschinen in der Druckerei für den Druck vorbereitet sind. Der eigentliche Druckprozess ist dann rasch erledigt und ob die Maschinen jetzt 100 oder 1 000 Visitenkarten durchlaufen lassen, spielt keine große Rolle. Deshalb der geringe Preisunterschied. Und genauso ist es mit jeder Störung unserer Arbeit, ob von außen oder auch von innen: Wenn wir mit den Gedanken abschweifen, uns Sorgen machen oder an die anderen unerledigten Dinge denken,»verlieren« wir Zeit und»gewinnen« Stress.

Nach jeder Störung benötigen wir eine Einrichtungszeit, um geistig zu unserer Aufgabe zurückzugelangen (»Wo war ich da jetzt gerade?«). Dadurch verlangsamt sich unser Arbeitstempo enorm und wir fühlen uns gestresst.

Müssen wir auf E-Mails wirklich innerhalb von zehn Minuten antworten? Welche Möglichkeiten gibt es, um Störquellen in Ihrem Alltag auszuschalten?

● ● ● ● ● ● ● ● ● AKTIV-IMPULS

SO GEWINNEN SIE ZWEI STUNDEN ZEIT PRO TAG
Was wäre, wenn Sie jeden Tag zwei Stunden Zeit gewinnen würden — um diese dann in sich und Ihre Zukunft ab der Lebensmitte zu investieren? So könnte es funktionieren:

* Nutzen Sie die Erkenntnisse aus Ihrer»Don't-do-Liste« (siehe Kapitel I).Was wollen Sie ab sofort nicht mehr tun?

- Bilden Sie mehrere Arbeitsblöcke ohne Störungen.
- Rufen Sie Ihre E-Mails so selten wie möglich ab.
- Schaffen Sie sich »Ich bin nicht erreichbar«-Zeiten.
- Fragen Sie sich: Welche Aktivitäten bringen mich meinem Lebensziel näher? Reduzieren Sie so weit möglich den Rest. ● ● ● ●

Ich kann es aus meiner Coaching-Praxis heraus nicht oft genug betonen: Menschen, die eine Neugestaltung ihrer zweiten Lebenshälfte bereits erfolgreich abgeschlossen haben, *hatten zu Beginn dieselben Ängste und Zweifel wie Sie. Sie haben sie jedoch nicht als Signal zum Aufgeben gewertet, sondern nur als lästige Migräne. Und die geht vorüber.*

Ein weiteres Handicap – und eine sehr beliebte Ausrede – ist die emotionale Diskussion über suboptimale Startbedingungen.

VERGANGENHEIT, FAMILIE UND ANDERE ALTLASTEN

Die wenigsten von uns hatten die optimale Möglichkeit um zu einem wohlbehüteten Genie heranzuwachsen. Das ist bedauerlich, für viele mitunter schmerzhaft, jedoch keine Katastrophe – eher eine willkommene Plattform für (unbewusste) Ausreden. Vielleicht kann Sie die folgende Geschichte ein wenig nachdenklich stimmen:

Ein verurteilter Mörder sitzt in der Todeszelle und wird kurz vor der Hinrichtung interviewt. Er wird nach den Gründen für seine Tat gefragt und antwortet: »Ich bin ohne Vater in einem Slum aufgewachsen voller Zuhälter, Drogendealer und Alkoholismus. Meine Mutter hat mich regelmäßig geschlagen. Alle in der Gang hatten Messer oder Pistolen. Ich konnte nicht anders. *Ich musste so werden!*« Zur gleichen Zeit wird ein Unternehmer aus Anlass der Preisverleihung zum »Manager des Jahres«

interviewt. Er wird nach den Gründen für seinen Erfolg gefragt und antwortet:»Ich bin ohne Vater in einem Slum aufgewachsen voller Zuhälter, Drogendealer und Alkoholismus. Meine Mutter hat mich regelmäßig geschlagen. Alle in der Gang hatten Messer oder Pistolen. Ich konnte nicht anders. *Ich musste da raus!*«

Der Clou der Geschichte: Die beiden Männer sind Brüder. An unserer Kindheit können wir nichts mehr ändern. Manche entscheiden sich für eine langjährige Psychotherapie und es kann Fälle geben, in denen Menschen so traumatisiert sind, dass sie professionelle Hilfe benötigen. Eine Entwirrung der emotionalen Knoten benötigt jedoch viel Zeit ohne einen Erfolg zu garantieren. Oft ist es nicht zwingend nötig, noch genauer zu schauen, warum wir wegen Mutter, Vater, Onkel, Katze oder den Geschwistern nicht die richtigen Startchancen hatten. Und selbst wenn wir es wüssten, es würde uns noch nicht automatisch ins Handeln bringen.

Nützlicher ist es oft zu planen, wie wir uns im »Hier und Jetzt« bessere Startchancen neu organisieren können, statt über verpasste Möglichkeiten zu brüten. Vielfach ist es möglich, relativ rasch Strategien zu entwickeln um genau die Unterstützung zu bekommen, die dabei hilft, *dass es uns möglichst schon ab morgen besser geht.*

Bereits Studien in den Achtzigerjahren ergaben: Nach einer aufwändigen Psychoanalyse geht es kaum einem Drittel der Betroffenen besser. Dies entspricht der Einnahme von Zuckerpillen, denn diese »Erfolgsquote« wurde auch gemessen, nachdem man depressive Menschen mit Placebos »behandelt« hatte.

Lesen Sie die Biografien erfolgreicher Menschen: Wenn die sich trauen und ehrlich berichten, geben sie zu, dass sie ihren Erfolg nicht allein geschafft haben, sondern wichtige Mentoren und andere Unterstützer an ihrer Seite hatten. Ehefrauen oder Ehemänner, ein persönliches Netzwerk, das darauf geachtet hat, dass sie ihre Ziele auch erreichen und die damit verbundenen Aufgaben erfüllen.

Vielleicht ist diese Umgebung manchmal bereits durch das Elternhaus vorgegeben worden, oft ist sie jedoch erst Schritt für Schritt auf ihrem Weg entstanden. Eine solche bewährte Möglichkeit, sich auf kreative Art und Weise Unterstützung zu verschaffen, finden Sie auf den folgenden Seiten.

WANN WIRD AUS »SPÄT« EIN »ZU SPÄT«?

Bei einer US-Langzeitstudie wurden vor einiger Zeit Menschen im Laufe Ihres Berufslebens mehrfach danach gefragt: »Sind Sie beziehungsweise *waren* Sie erfolgreich?« Im Alter von 63 Jahren antworteten die Teilnehmer damals wie folgt auf die Frage:

* 59 Prozent sagten: »Nein!«
* Vier Prozent sagten: »Na ja.«
* Ein Prozent sagte: »Ja!«

Ein Drittel der Teilnehmer an der Untersuchung konnte nicht mehr auf die Frage antworten – sie waren bereits gestorben. Wie steht es mit Ihnen? Wie lange wollen Sie noch warten, bevor Sie die wichtigen Themen in Ihrem Leben angehen? Falls Ihnen manchmal die Energie fehlt, um unangenehme Dinge anzupacken, dann ist dies vielleicht eine Lösung für Sie:

WENIGER ENTSCHEIDEN BEDEUTET BESSER ENTSCHEIDEN!

Wollen Sie mehr Energie für Ihren Tag? Dann nehmen Sie die Ermüdungsgefahr von zu viel Werbebriefen und E-Mails sowie die Dauerberieselung von Radio und Fernsehen ernst und vermeiden Sie möglichst das wissenschaftlich untersuchte Phänomen der »Entscheidungsmüdigkeit«. Sehen Sie zu, dass Sie die Zahl der Situationen reduzieren, in denen Sie sich entscheiden müssen – wo immer das in Ihrem Alltag möglich ist! Das stärkt Ihren Willen und schafft mehr Energie.

Der Psychologe Roy F. Baumeister legte Hunderte von billigen Artikeln auf einen Tisch – von Tennisbällen über Kerzen, T-Shirts, Kaugummis bis zu Cola-Dosen. Dann teilte er seine Studenten in zwei Gruppen ein. »Entscheider – und »Nicht-Entscheider«.

Die erste Gruppe bekam die Aufgabe: »Ich zeige dir zwei der Billigartikel und du musst entscheiden, welchen der beiden du vorziehst. Je nachdem wie du wählst, schenke ich dir am Ende einen Artikel. Die zweite Gruppe bekam die Aufgabe: »Schreib auf, was dir zu den Produkten einfällt und anschließend bekommst du eins davon geschenkt.«

Anschließend mussten alle Teilnehmer ihre Hand jeweils so lange wie möglich in eiskaltes Wasser halten. (Das ist eine typische Methode, um in Experimenten Willenskraft und Selbstdisziplin zu messen.)

Das Ergebnis: Gruppe eins zog die Hand viel früher heraus als Gruppe zwei. Vergleichen, Abwägen und Entscheiden macht müde und schwächt unseren Willen.

NOCH ZEHN TIPPS BEI AUFSCHIEBERITIS

1. Nutzen Sie das Schwarzsehen positiv: Was passiert, wenn Sie die Aufgabe nicht erledigen? Bitte detailliert ausmalen!
2. Zerlegen Sie ihre Aufgabe in Mini-Schritte.
3. Stellen Sie einen Zeitplan auf (immer schriftlich!).
4. Beginnen Sie mit einfachen Kleinigkeiten (fünf Minuten aufräumen) und steigern Sie sich erst später.
5. Motivieren Sie sich in Intervallen mit kleinen Belohnungen.
6. Setzen Sie sich mit Bestrafungen gezielt unter Druck.
7. Beginnen Sie mit den leichtesten Teilaufgaben, um in Flow zu kommen.
8. Haben Sie Mitleid mit sich selbst – und tun Sie es dann trotzdem.
9. Sprechen Sie mit einer Vertrauensperson über Ihr Problem.
10. Beginnen Sie erst dann mit etwas Neuem, wenn Sie Ihre Teilaufgabe komplett erledigt haben.

Prüfen Sie bei einem akuten Anfall von Aufschieberitis auch immer unbedingt Ihren Energie-Level (siehe Kapitel II). Womöglich können Sie bereits mit einer kleinen Pause mental auftanken? Kabarettist Eckart von Hirschhausen hat ein aufmunterndes Rezept. Es ist seine Antwort auf die Frage »Was machen Sie, wenn Sie schlecht drauf sind?«: »Dann stelle ich mir fünf Fragen: Wann habe ich zuletzt etwas gegessen und getrunken? Wann habe ich mich zuletzt unter freiem Himmel bewegt? Wann habe ich zuletzt geschlafen? Mit wem? Und warum?«

» Neue Dinge zu tun, die man noch nie getan hat, erhöht die Lebensqualität und verlängert das Leben. «

Zum Abschluss des Kapitels noch ein kleiner »Absacker«. Ein Mutmacher bei Aufschieberitis, die durch Zukunftssorgen, Zweifel oder Hoffnungslosigkeit ausgelöst wird. Immer wenn wir Neuland betreten, müssen wir mit der Ungewissheit leben. Und wir können uns gewaltig irren, wenn wir negativ in die Zukunft schauen. Dazu gibt es köstliche Irrtümer der Geschichte, die ich immer wieder lesen könnte:

PEINLICHE IRRTÜMER GROSSER LEUTE

- »Was, bitte sehr, veranlasst Sie zu der Annahme, dass ein Schiff gegen den Wind und gegen die Strömung segeln könnte, wenn man nur ein Feuer unter Deck anzünde? Bitte entschuldigen Sie mich. Ich habe keine Zeit, um mir so einen Unsinn anzuhören.« (Napoleon Bonaparte über Dampfmaschinen)
- »Flugzeuge sind interessante Spielzeuge, aber von keinem militärischen Wert.« (Strategieprofessor Marschall Ferdinand Foch, 1851–1929)
- »Es gibt keinen Grund, warum irgendjemand einen Computer in seinem Haus wollen würde.« (Ken Olson, Präsident der *Digital Equipment Corp.*, 1977)
- »Ich glaube an das Pferd. Das Auto ist eine kurzfristige Modeerscheinung.« (Kaiser Wilhelm II.)
- »Die Energie, die durch Atomzertrümmerung produziert wird, ist eine armselige Sache. Jeder, der von der Umwandlung dieser Atome eine Kraftquelle erwartet, redet nur ›Blabla‹.« (Lord Ernest Rutherford, englischer Atomphysiker, 1933)
- »Die Annahme, dass die Sonne im Zentrum steht und sich nicht um die Erde dreht, ist töricht, absurd, im theologischen

Sinne falsch und ketzerisch.« (Die Inquisition zu Galileos Erkenntnissen)

- »Das Telefon hat zu viele ernsthaft zu bedenkende Mängel für ein Kommunikationsmittel. Das Gerät ist von Natur aus von keinem Wert für uns.« (*Western Union*, Interne Meldung von 1876)
- Das berühmte englische Kaufhaus *Harrods* war lange Zeit das größte Kaufhaus der Welt. Ein Prestige-Objekt. Im November 1898 schenkte die Geschäftsführung kostenlos teuren Cognac an seine Kunden aus. Für die Aktion gab es damals einen zwingenden Grund:

  Bei *Harrods* wurde die erste Rolltreppe Englands in Betrieb genommen. Sensation und Wagnis zugleich. Die Kunden waren jedenfalls hypernervös, als sie die mobile Treppe benutzen sollten. Wenn man bedenkt, dass es bis dahin nur »feste« Treppen gab, war dies verständlich. Und deshalb entschied die Kaufhausleitung im November 1898: Jeder, der mutig genug war sich auf die rollende Treppe zu stellen, durfte vorher einen leckeren Cognac trinken, um die Nervosität zu beseitigen.
- Und noch ein schönes Beispiel. Diesmal geht es um eine ähnlich »tödliche Gefahr«: Als der erste mit einer Dampfmaschine betriebene Zug in England in Betrieb ging, waren sich führende Mediziner einig. »Zugfahren gefährdet die Gesundheit.« Der menschliche Körper sei für diese unglaubliche Geschwindigkeit und Beschleunigung nicht geeignet. Es seien schwerste körperliche Schädigungen zu befürchten. Nun, diese Sorge war aus damaliger Sicht durchaus berechtigt. Der Zug fuhr immerhin mit unglaublichen 15 Kilometer pro Stunde!

Manche Beispiele klingen im Nachhinein absurd, waren jedoch zu ihrer Zeit geltendes Gedankengut. Und heute? Können wir sicher sein, dass das heute anders ist?

XI. UND JETZT? – IHR LEBEN 2.0

Ich wünsche Ihnen von Herzen, dass Sie irgendwo in diesem Buch Ihren ganz persönlichen Impuls gefunden haben, der Ihnen dabei hilft, Ihre zweite Lebenshälfte zu einer großartigen Zeit für Sie zu machen. Alles was Sie zum Durchstarten benötigen, tragen Sie in diesem Moment bereits in sich, den Rest lernen Sie auf dem Weg.

Die moderne Psychologie hat eine ermutigende Tatsache erforscht, die uns bei Veränderungsprozessen helfen kann, unsere zweite Lebenshälfte – unser »Leben 2.0« – so zu genießen, wie wir es verdient haben. Nur zehn Prozent unserer langfristigen Zufriedenheit werden durch unsere äußeren Lebensumstände bestimmt. 90 Prozent hängen davon ab, wie unser Gehirn unsere Lebensumstände intern verarbeitet und bewertet. Wenn ich nur einen Wunsch für Sie frei hätte, dann wäre es dieser: *Achten Sie täglich auf Ihre Gedanken und suchen Sie sich qualifizierte Unterstützung als Erfolgs-Turbo.*

Unser Leben ist ein wundervolles Geschenk – egal ob wir glauben, es verdient zu haben oder nicht: Genießen wir es. Nehmen wir das Geschenk dankbar an.

> » *Langfristiges Glück produzieren wir*
> *zu 90 Prozent in unserem Kopf.* «

Menschen, die erfolgreich Veränderungsprozesse gemeistert haben, mussten alle ähnliche Zweifel, Ängste und Sorgen überwinden. Deren Erfolgsstrategie: sie haben darin kein Signal zum Aufgeben gesehen! Sie haben weiter gemacht – und sich die Unterstützung geholt, die sie brauchten. Und das können Sie auch!

Lassen Sie sich von niemandem vorschreiben, was richtig oder was falsch ist. Lassen Sie sich niemals einreden, in diesen »schlechten Zeiten« und vor allem »in Ihrem Alter« hätten Sie keine Chance mehr. Lassen Sie sich von solchem Unsinn nicht im sinkenden Boot der Unglücklichen festhalten!

Wenn Sie Ihr Leben entscheidend verbessern wollen, suchen Sie sich das Umfeld, in dem Sie regelmäßig Hilfe bekommen: Ermutigung, Training, Coaching, positives Feedback und konstruktive Unterstützung.

Ich wünsche Ihnen noch viel Freude und Erfüllung in Ihrem Leben. Wenn Sie mögen, besuchen Sie mich im Internet. Laden Sie sich Material zum Buch herunter, finden Sie kleine Mutmacher und wissenschaftlich fundierte Untersuchungsergebnisse im Blog auf meiner Homepage (*www.waltergrothkopp.de*) oder nutzen Sie meinen Newsletter.

Ich freue mich auch über Ihr Feedback zu diesem Buch unter *kontakt@waltergrothkopp.de*.

Zudem finden Sie mich bei Twitter unter *@WGrothkopp*.

Und zum Schluss – weil es so schön ist – hier eins meiner Lieblingszitate von Steve Jobs in Langform:

»Mit 17 Jahren habe ich ein Zitat gelesen, das ungefähr so lautete: ›Wenn du jeden Tag so lebst, als sei es dein letzter, wirst du mit großer Sicherheit eines Tages etwas richtig machen.‹ Es

hat großen Eindruck auf mich gemacht und seitdem, für die letzten 33 Jahre, habe ich jeden Morgen in den Spiegel geschaut und mich gefragt: ›Wenn heute der letzte Tag meines Lebens wäre, würde ich das tun wollen, was ich für heute geplant habe?‹ Und jedes Mal, wenn die Antwort zu viele Tage hintereinander ›Nein‹ war, wusste ich, dass ich etwas ändern musste.«[12]
Wie lautet Ihre Bilanz vor dem Spiegel? Was sind für Sie 100 Prozent Leben? Wie wollen Sie Ihre Zeit ab sofort nutzen?

AKTIV-IMPULS

DIE 72-STUNDEN-REGEL

Viele werden sie bereits kennen – und dennoch möchte ich die Erfolgsregel hier bewusst in Erinnerung rufen, denn: Wenden Sie sie bereits regelmäßig an?

Setzen Sie neue Ideen schnellstmöglich um! Innerhalb von 72 Stunden liegt der Umsetzungserfolg bei über 90 Prozent.

Wenn wir eine klare, emotionale Entscheidung getroffen haben, ist es für den Erfolg entscheidend, dass wir innerhalb von drei Tagen ins Handeln kommen, sonst verfliegt die Motivation und das Scheitern bestätigt unsere Skepsis für die Zukunft. (Die unbewusste Überzeugung wächst: Es geht halt nicht. Ein destruktives Programm.)

Beginnen Sie am besten gleich heute mit dem ersten kleinen Mini-Mäuseschritt (Seite 77, der *Anfang* ist entscheidend!), dann liegt die Erfolgsquote nach Aussagen von Psychologen und Wissenschaftlern bei über 90 Prozent.

Also: Wissen ist gut – doch nur zügiges Tun verändert unser Leben wirklich. Viel Glück dabei!

---

12 www.journalist-und-optimist.de/steve-jobs-80-zitate-fuer-die-ewigkeit-in-deutsch-und-englisch

DANK

Auf meinem Weg zu diesem Buch haben mich mehrere großartige Menschen begleitet. Sie haben mich unterstützt, ermutigt, inspiriert und begeistert. Ohne sie wäre dieses Buch nie geschrieben worden. Bei ihnen möchte ich mich aus ganzem Herzen bedanken!

In tiefer Verbundenheit ein großes Dankeschön besonders an: Hilke Belilowski, Dr. Petra Bock, Sabine Asgodom, Karin Schulze, Heiner Brock, Ilona Schäfer, Dorothea Goldstein, Helga Hörnle, Matthias Herzog, Martina Schmoll, Mike Weccardt, Gerlinde Unverzagt, Hans-Jürgen Milhahn, Peter Weisbrich, Prof. Edward G. Krubasik, David Holetzeck, Kane Minkus, Curt Cress, Monique Blokzyl, Jörg Howe, Dr. Beatrice Kramm und Susanne Gebh!

Ich danke dem gesamten Team des Kösel-Verlags für die Möglichkeit, dieses Buch zu veröffentlichen und die damit verbundene Chance, hoffentlich vielen Menschen auf ihrem Weg in eine erfüllte zweite Lebenshälfte eine winzige Perle zu schenken, die ihr Leben vielleicht einen Hauch glücklicher und erfüllter macht.

Mein Dank gilt hier ganz besonders Dagmar Olzog, deren

Nachricht über die Buchzusage mich am anderen Ende der Welt in Neuseeland erreichte. Ihr verdanke ich inspirierende Gespräche und Impulse! Und natürlich danke ich auch besonders herzlich und ganz speziell meinen Lektoren Gerhard Plachta und Rolf Hartmann. Ihre Anregungen, Tipps und Ideen haben das Buch maßgeblich geprägt und besser gemacht. Ein großes Dankeschön dafür!

Mein persönliches Durchstarten, meine eigene Lebensveränderung, die schließlich nach vielen Jahren zu diesem Buch geführt hat, wäre für mich nicht in dieser Form möglich gewesen ohne die Ermutigung und Unterstützung einer großartigen Person: meiner Frau Elke. Ich danke dir zutiefst und von Herzen dafür, dass du so bist, wie du bist!

LITERATUR

ASGODOM, SABINE: *So coache ich. 25 überraschende Impulse, mit denen Sie erfolgreicher werden.* München, Kösel 2012

BAUMEISTER, ROY; TIERNEY, JOHN: *Die Macht der Disziplin. Wie wir unseren Willen trainieren können.* Frankfurt am Main, Campus 2012

BLANCHARD, KENNETH; JOHNSON, SPENCER: *Der Minuten-Manager.* Reinbek, Rowohlt 1983

BOCK, PETRA: *Die Kunst, seine Berufung zu finden.* Frankfurt am Main, S. Fischer 2007

BOCK, PETRA: *Mindfuck. Warum wir uns selbst sabotieren und was wir dagegen tun können.* München, Knaur 2011

BOCK, PETRA: *Nimm das Geld und freu dich dran.* München, Kösel 2008

BÜRGIN, LUC: *Irrtümer der Wissenschaft. Verkannte Genies, Erfinderpech und kapitale Fehlurteile.* Bergisch Gladbach, Bastei Lübbe 1999

DOBELLI, ROLF: *Die Kunst des klugen Handelns. 52 Irrwege, die Sie besser anderen überlassen.* München, Hanser 2012

GALLWEY, W. TIMOTHY: *Inner Game of Tennis.* New York, Random House 2008

GLADWELL, MALCOLM: *Blink! Die Macht des Moments.* Frankfurt am Main, Campus 2005

GOLDSMITH, MARSHALL: *Was Sie hierher gebracht hat, wird Sie nicht weiterbringen. Wie Erfolgreiche noch erfolgreicher werden.* München, Goldmann 2009

GRUNDL, BORIS: *Steh auf! Bekenntnisse eines Optimisten.* Berlin, Econ 2008

HIRSCHHAUSEN, ECKART VON: *Glück kommt selten allein …* Reinbek, Rowohlt 2009

KLEIN, STEFAN: *Die Glücksformel – oder Wie die guten Gefühle entstehen.* Reinbek, Rowohlt 2003

KÜSTENMACHER, WERNER TIKI; SEIWERT, LOTHAR: *Simplify your life. Einfacher und glücklicher leben.* Frankfurt am Main, Campus 2004

LOEHR, JIM; SCHWARTZ, TONY: *Die Disziplin des Erfolgs. Von Spitzensportlern lernen – Energie richtig managen.* Berlin, Econ 2003

MATTHEWS, ANDREW: *Tu, was dir am Herzen liegt.* Kirchzarten, VAK 2005

HORX, MATTHIAS: *Anleitung zum Zukunfts-Optimismus. Warum die Welt nicht schlechter wird.* Frankfurt am Main, Campus 2009

HÜTHER, GERALD: *Bedienungsanleitung für ein menschliches Gehirn.* Göttingen, Vandenhoeck & Ruprecht 2010

HÜTHER, GERALD: *Was wir sind und was wir sein könnten. Ein neurobiologischer Mutmacher.* Frankfurt am Main, S. Fischer 2011

SCHÄFER, BODO: *Die Gesetze der Gewinner. Erfolg und ein erfülltes Leben.* München, dtv 2003

SELIGMAN, MARTIN: *Der Glücks-Faktor. Warum Optimisten länger leben.* Bergisch Gladbach, Bastei Lübbe 2006

SHER, BARBARA: *Wishcraft. Lebensträume und Berufsziele entdecken und verwirklichen.* Osnabrück, Edition Schwarzer 2009

SHER, BARBARA / SMITH, BARBARA: *Ich könnte alles tun, wenn ich nur wüsste, was ich will.* München, dtv 2005

STEEL, PIERS: *The Procrastination Equation.* Upper Saddle River, Pearson 2011

STRELECKY, JOHN: *Big Five for Life. Was wirklich zählt im Leben.* München, dtv 2009

WATZLAWICK, PAUL: *Anleitung zum Unglücklichsein.* München, Piper 2009

WISEMAN, RICHARD: *So machen Sie Ihr Glück. Wie Sie mit einfachen Strategien zum Glückspilz werden.* München, Goldmann 2004